はじめての溶接シリーズ4

はじめての非破壊検査

荒川敬弘・笠井尚哉　著

産報出版

※本書籍は，細心の注意を払って制作していますが，万一これらの情報に誤りがあった場合でも，一切の責任を負いかねます。あらかじめご了承ください。

はじめに

　溶接関連のシリーズ本として「初めての非破壊検査」を出版することになった。1984 年の成田囿郎氏と富士岳氏の共著による「溶接部の試験・検査入門」以来ではなかろうかと思う。当時は，構造物の老朽化がより顕在化しだした欧米を中心に，非破壊検査に大きな関心が注がれた時代でもあった。世界 15 カ国が参加して行われた非破壊検査の国際共同研究である PISC Ⅱ計画で一体 16 トンにも及ぶ大型試験体など 4 体が世界中を回送されて行われたラウンドロビンテストの試験結果が，イタリアの JRC Ispra（EC の研究機関）に集められて議論された頃である。

　当時の大型コンピュータを駆使して開発されたフェーズドアレイ探傷やTOFD 探傷などにも関心が寄せられた時代でもあった。その後のコンピュータ技術の大幅な進歩もあり，これらの探傷は今日では度々現場で見かけるようになってきている。

　著者が溶接研究者の間で非破壊検査を学び始めた頃，この検査でなんぼのきずが見つかるのかと盛んに質問されたことを思い出す。何とかこれに答えようと努力した。また，諸団体においてそれぞれの構造物を模擬した試験体で盛んに検出性の検討が行われていた。四半世紀以上たった現在，これらの資料を掘り起こすのも大変である。

　当時に学んだことを何かの形で残したいと思っていた折に，この本の執筆の依頼があり取り組むことにした。非破壊検査全体の概要を紹介するには，できるだけ同じ視点から書くのがよかろうと構想を練った。しかし，非破壊検査のすそ野はあまりにも広く，不得手な分野も多い。これらを改めて学習しなおして執筆するにはいつ出版できるかわからない。幸い不得手の分野を横浜国立大学の笠井先生にお願いして，出版にこぎつけることができ，感謝している。

　したがって，本書は「非破壊検査」という山を遠くから眺め，山の全体像を紹介するとともに，どのルートをたどればどこに行けるかなどのマップの概略を

紹介するために記した。また，限られた紙面で，広い分野をわかりやすく書くには，ある程度割り切った表現を使わざるを得なかったことをご容赦願いたい。今後，さらに山深く立ち入って非破壊検査を活用される方には，もしかすると全く異なる世界が展開するかもしれない。その折は，それぞれの専門書を参考に願いたい。例えば，日本非破壊検査協会では各非破壊検査別にさらにレベル別に専門書を準備しているので参考になろう。

現在，構造物の寿命延伸や新素材の活用に対して，非破壊検査はより重要になってきている。その反面，日本国内において非破壊検査の認知は欧米に比べても高くない。このために，諸団体で非破壊検査の普及活動がなされてきている。日本非破壊検査協会ではキャラクター「ノンディ」（下図）を登場させ，各種のイベントに登場させている。CIW検査業協会では，関連諸団体に呼びかけて「明日を担う次世代のための非破壊検査セミナー委員会」を立ち上げ，全国の工業系高校に在籍する生徒および教職員を対象に1日の講義と実技による出張講座を始めた。この本も非破壊検査の普及の一翼を担うことができれば幸いである。

なお，本書を作成するうえで，多くの方より資料や写真の提供をいただいており，また多くの方より有益な助言をいただきました。これらのご支援がなければ本書はなしえなかったものであり，深く感謝します。また，執筆の機会を提供いただき，かつ懇切丁寧に編集していただいた産報出版の方々に感謝します。

著　者

©JSDNI

目　　次

はじめに・・ 3

目　　次・・ 5

第 1 章　非破壊検査の役割

1.1　非破壊試験・非破壊検査とは ・・・・・・・・・・・・・・・・・・・・・・・・・・・・・・・・・ 9

1.2　きずと欠陥 ・・ 11

1.3　物理現象の活用 ・・ 11

1.4　溶接部のきずの検査に広く用いられる非破壊試験 ・・・・・・・・・・・・・・ 14

1.5　その他の非破壊試験 ・・ 18

1.6　非破壊試験の適用時期 ・・・・・・・・・・・・・・・・・・・・・・・・・・・・・・・・・・・・・・・ 22

1.7　非破壊試験に望まれること ・・・・・・・・・・・・・・・・・・・・・・・・・・・・・・・・・・・ 25

1.8　本書の構成 ・・ 27

第 2 章　超音波探傷試験の基礎

2.1　波長から見た超音波探傷試験と放射線透過試験の比較 ・・・・・・・・・・ 31

2.2　超音波探傷試験に課せられた大きな制約 ・・・・・・・・・・・・・・・・・・・・・・ 34

2.3　超音波探傷試験に用いる道具 ・・・・・・・・・・・・・・・・・・・・・・・・・・・・・・・・・ 40

2.4　超音波の透過と反射 ・・ 44

2.5　界面での屈折と斜角探触子の構造 ・・・・・・・・・・・・・・・・・・・・・・・・・・・・・ 51

2.6　平面への斜め入射時の反射率 ・・・・・・・・・・・・・・・・・・・・・・・・・・・・・・・・・ 57

2.7　超音波探傷で知りたい情報 ・・・・・・・・・・・・・・・・・・・・・・・・・・・・・・・・・・・ 61

2.8　きずの反射率および形状反射能率 ・・・・・・・・・・・・・・・・・・・・・・・・・・・・・ 64

2.9　平板振動子の作り出す音場 ・・・・・・・・・・・・・・・・・・・・・・・・・・・・・・・・・・・ 68

2.10　超音波ビームの拡散と円盤からの反射 ・・・・・・・・・・・・・・・・・・・・・・・・ 72

第 3 章　超音波探傷試験の実践

3.1　時間軸の調整 ・・ 77

6 目 次

3.2 距離振幅特性曲線と探傷感度の調整 ‥‥‥‥‥‥‥‥‥‥‥‥‥ 83
　3.2.1 超音波の減衰・損失 ‥‥‥‥‥‥‥‥‥‥‥‥‥‥‥‥‥‥‥ 83
　3.2.2 距離振幅特性曲線 ‥‥‥‥‥‥‥‥‥‥‥‥‥‥‥‥‥‥‥‥ 85
　3.2.3 JIS Z 3060 による評価方法 ‥‥‥‥‥‥‥‥‥‥‥‥‥‥‥ 86
3.3 モデルきずの検出性 ‥‥‥‥‥‥‥‥‥‥‥‥‥‥‥‥‥‥‥‥‥ 90
　3.3.1 各種形状のモデルきずの検出性 ‥‥‥‥‥‥‥‥‥‥‥‥‥ 91
　3.3.2 傾きのある平面きずの検出性 ‥‥‥‥‥‥‥‥‥‥‥‥‥‥ 93
3.4 内在する溶接割れの検出性 ‥‥‥‥‥‥‥‥‥‥‥‥‥‥‥‥‥‥ 97
　3.4.1 溶接割れの指向性 ‥‥‥‥‥‥‥‥‥‥‥‥‥‥‥‥‥‥‥ 97
　3.4.2 割れ面の界面反射能率の統計的検討 ‥‥‥‥‥‥‥‥‥‥‥ 100
　3.4.3 割れ面の反射指向性の統計的検討と内部の割れの検出確率 ‥‥‥‥ 101
3.5 きずの寸法測定 ‥‥‥‥‥‥‥‥‥‥‥‥‥‥‥‥‥‥‥‥‥‥‥ 107
　3.5.1 DGS 線図を用いたきず寸法（きず面積）測定 ‥‥‥‥‥‥‥ 107
　3.5.2 エコー高さにしきい値を設定したきず寸法測定 ‥‥‥‥‥‥ 109
　3.5.3 端部エコーの伝搬時間を用いたきず寸法（きず高さ）測定 ‥‥‥ 120
3.6 超音波探傷試験の動向 ‥‥‥‥‥‥‥‥‥‥‥‥‥‥‥‥‥‥‥‥ 132
　3.6.1 コンピュータ技術の進歩と超音波探傷試験 ‥‥‥‥‥‥‥‥ 132
　3.6.2 フェーズドアレイ探傷法 ‥‥‥‥‥‥‥‥‥‥‥‥‥‥‥‥ 133
　3.6.3 TOFD 法 ‥‥‥‥‥‥‥‥‥‥‥‥‥‥‥‥‥‥‥‥‥‥‥ 139

第 4 章　放射線透過試験

4.1 放射線とは ‥‥‥‥‥‥‥‥‥‥‥‥‥‥‥‥‥‥‥‥‥‥‥‥‥ 143
4.2 放射線透過試験の原理 ‥‥‥‥‥‥‥‥‥‥‥‥‥‥‥‥‥‥‥‥ 146
　4.2.1 基本的な原理 ‥‥‥‥‥‥‥‥‥‥‥‥‥‥‥‥‥‥‥‥‥ 146
　4.2.2 放射線の減弱 ‥‥‥‥‥‥‥‥‥‥‥‥‥‥‥‥‥‥‥‥‥ 147
　4.2.3 健全部ときず部でのフィルム濃度差 ‥‥‥‥‥‥‥‥‥‥‥ 152
　4.2.4 フィルムの観察（最適フィルム濃度）‥‥‥‥‥‥‥‥‥‥ 157
4.3 放射線透過試験に用いる主な道具 ‥‥‥‥‥‥‥‥‥‥‥‥‥‥‥ 158
　4.3.1 放射線源 ‥‥‥‥‥‥‥‥‥‥‥‥‥‥‥‥‥‥‥‥‥‥‥ 158
　4.3.2 フィルム ‥‥‥‥‥‥‥‥‥‥‥‥‥‥‥‥‥‥‥‥‥‥‥ 159
　4.3.3 像質の確認用の標準試験片 ‥‥‥‥‥‥‥‥‥‥‥‥‥‥‥ 161
　4.3.4 観察器 ‥‥‥‥‥‥‥‥‥‥‥‥‥‥‥‥‥‥‥‥‥‥‥‥ 162
4.4 放射線透過試験の実践 ‥‥‥‥‥‥‥‥‥‥‥‥‥‥‥‥‥‥‥‥ 162
　4.4.1 撮影配置 ‥‥‥‥‥‥‥‥‥‥‥‥‥‥‥‥‥‥‥‥‥‥‥ 162
　4.4.2 放射線透過試験の撮影 ‥‥‥‥‥‥‥‥‥‥‥‥‥‥‥‥‥ 169

目　次　7

4.4.3　フィルムの観察・・　170
4.4.4　きずの検出性・・　173
4.5　放射線透過試験の動向・・　176
4.5.1　コンピュータ技術の進歩と放射線透過試験・・・・・・・・・・・・・・・・・・・・・　176
4.5.2　フィルムデジタイザ・・・　177
4.5.3　イメージングプレートを用いたコンピューテッドラジオグラフィ（CR）
・・・　178
4.5.4　デジタル検出器（DDA）・・・・・・・・・・・・・・・・・・・・・・・・・・・・・・・・・・・・　179
4.5.5　複線形像質計・・・　180
4.5.6　X 線 CT（コンピュータトモグラフィ）・・・・・・・・・・・・・・・・・・・・・・・　182

第5章　磁気探傷試験

5.1　磁気探傷試験・・・　185
5.2　強磁性体について・・　185
5.3　磁界と磁束密度の関係・・　186
5.4　反磁界について・・　188
5.5　表皮効果について・・　189
5.6　きず漏えい磁界・・　190
5.7　きず漏えい磁界の水平成分と垂直成分・・・・・・・・・・・・・・・・・・・・・・・・・・・・・　191
5.8　磁粉探傷試験・・　192
5.9　コーティングが施工されている場合と漏えい磁束探傷法について・・・・・・　196
5.10　交流極間式磁化器とプロッド法による鋼溶接部の磁粉探傷試験・・・・・・・　197
5.11　表面下のきずの検出性能・・・　200
5.12　A 型標準試験片について・・　200

第6章　浸透探傷試験

6.1　浸透探傷試験の概要・・　203
6.2　毛細管現象・・　204
6.3　浸透探傷試験の各作業手順・・　204

第7章　渦電流探傷試験

7.1　渦電流について・・　211
7.2　導体の試験体における表皮効果・・・・・・・・・・・・・・・・・・・・・・・・・・・・・・・・・・・・　212

8　目　次

7.3　自己誘導 ･･･ 213
7.4　コイルの近傍に導体がない場合のコイルのインピーダンス ･･････････213
7.5　コイルの近傍に導体がある場合のコイルのインピーダンス ･･･････････216
7.6　渦電流探傷装置 ･･････････････････････････････････ 218
7.7　渦電流試験の測定方法 ･････････････････････････････ 219

索　引･･･ 225

コラム

回折現象･･ 33
dB（デシベル）･･････････････････････････････････････ 38
密着面の音圧通過･････････････････････････････････････ 50
オーステナイト系溶接部の超音波探傷･･･････････････････ 55
ラウンド・トリップ・タンデム探傷･････････････････････ 59
基準感度･･ 89
割れの定量化への関心････････････････････････････････ 106
招かれざる客･･ 130
放射線の強さと超音波の音圧････････････････････････････ 145
手荷物用 X 線検査装置 ･･････････････････････････････ 152
X 線 CT ･･ 183
磁粉探傷試験の標準試験片の溝形状はプラス，マイナス，円と十字 ? ･･････ 202
溶接部の非破壊検査の必要性，溶接はもろ刃の剣 ? ･･････････････ 209
インダクタンス，リアクタンスとインピーダンス ･･･････････････217
新しい渦電流プローブの形状は，漢字 ? ひらがな ? カタカナ ? ･･･････ 223

第1章

非破壊検査の役割

1.1 非破壊試験・非破壊検査とは

　ドイツのことわざに，「信頼は良し，検査はなお良し(Vertrauen ist gut, aber Kontrolle ist besser)」というのがあるそうである。ここでは，Kontrolle を検査と訳しているが，ドイツ人らしく聞こえてくる。いくら信用しているものや人であっても，確認しないと過ちを犯すことがあるということだろうか。確かに「確認はなお良し」とするより，「検査はなお良し」とするほうが注目を集めそうである。「検査」には何か強い意味が含まれているように思える。

　医学の用語に「健康診断」があるが，「健康検査」とは言わない。一方，健康診断で異常が見つかると，直ちに治療に専念する必要があるかを判断するために入院することがあるが，これを「検査入院」と言っている。「検査」の意味を調べると，例えば「ある基準に照らして，適・不適，異常や不正の有無を調べること。」などに出くわす。

　工学の世界においても，検査は規格などによる基準に従って合否を判定する方法と定義されている。一方，「健康診断」のように調べることを「試験」と呼んで「検査」と区分している。また，工学の世界には，非破壊検査と破壊検査があり，それぞれが互いに補完しあって構造物の信頼性を担保している。もちろん医学における破壊は殺人を意味するであろうから，そのような区分はありえず，特に破壊と非破壊を区分する必要もない。

　構造物を設計・製造するに当たり，重要なことの1つは，使用する材料特性が設計要求を満足していることを確認することであろう。このためには，使用

する材料や溶接部と同等のものから試験片を採取して，これに引張荷重や衝撃荷重を加えて破壊し，その特性を調べる必要がある。これらの試験を破壊試験と呼んでいる。破壊試験にはこの他に溶接断面におけるマクロやミクロの組織が正常であるかを調べる組織試験や，内部の化学分析や腐食試験などの化学試験なども含まれる。**図1.1**に主な破壊試験の種類を示している。

しかし，このような破壊試験で得られた特性も，構造物のすべてで保証されるとは限らない。なぜなら，いくら十分な引張特性が得られていても，溶接部に大きな空洞などの欠陥があっては構造物としての強度は保証できない。構造物に有害なきずなどの不具合が存在しないことを証明するには，構造物の機能を損なうことなしに検査する必要があり，この検査方法を非破壊試験と呼んでいる。

したがって，「非破壊試験」とは，素材または製品を破壊せずに，品質またはきず，埋設物などの有無およびその存在位置，大きさ，形状，分布状態などを調べる試験のことであり，「非破壊検査」は非破壊試験の結果から，規格などによる基準に従って合否を判定する方法とされている。すなわち，破壊検査と非破壊検査とがあいまって構造物の信頼性が確保される。本書では後者に関する非破壊試験について紹介している。

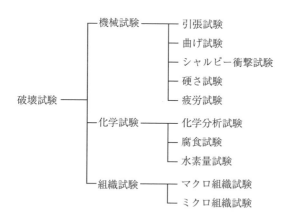

図1.1　主な破壊試験の種類

1.2 きずと欠陥

　「非破壊試験」と「非破壊検査」の用語の定義をしたついでに，「きず」と「欠陥」の用語についても説明しておこう。「きず」についてはもうすでに使用した。「傷」のミスプリントではないかと思われた方もおられよう。現在使用しているワープロのソフトにおいても，きずの用語を用いると前後を含めて赤の波線のアンダーラインによる警告がつく。

　あえて，「きず」を用いるのは，JIS Z 2300：2003「非破壊試験用語」に従ったためである。ここの(02)判定・評価の項で，「きず」を非破壊試験の結果から判断される不完全部又は不連続部と定義し，「欠陥」を規格，仕様書などで規定された判定基準を超え，不合格となるきずとして峻別している。確かに，欠陥というと欠陥車，欠陥品などを連想してイメージは暗い。

　しかし，金属や溶接などの他分野における区分は必ずしも厳密ではない。欠陥を，理想状態を想定できる物事における理想状態との違いとして捉え，金属の固体物理学では「格子欠陥」，溶接では，合否判定とは関係なく「溶接欠陥」などの用語を用いている。格子欠陥のおかげで金属特有の展延性が得られており，半導体などにはなくてはならない存在である。

　本書では，非破壊検査の特に判定・評価に関連する分野においては JIS Z 2300：2003「非破壊試験用語」を遵守し，他の分野の「溶接欠陥」などにおいては慣例による表現を用いることにする。

1.3 物理現象の活用

　内部のきずや材料の劣化の発生状況を目視で確認することはできない。内部を調べるには，エネルギーを内部にまで伝搬させて，きずの有無で生じる物理作用の差異を評価する必要がある。

　一方，表面に開口しているきずであれば，目視で検出できるかもしれない。しかし，微小なきずを目視で見つけるには，一点に神経を集中させながら行う必要がある。微小な表面きずを大きな構造物から目視で探すのは，工業的には

12 第1章 非破壊検査の役割

とても不可能に思える。表面に開口しているきずであっても，より検出しやすいように何らかの物理現象を活用して微小なきずまでも顕在化させる必要がある。

したがって，材料のきずや材料の劣化を検出するための非破壊試験とは，目に見えない，あるいは見えづらいきずなどを，何らかの物理現象を活用して顕在化させる技術と理解した方がわかりやすいであろう。

きずなどの不具合を顕在化させる物理現象として，電気，光，磁気などの多くの現象を活用することが期待される。例えば，材料の組織が変化することで，電気抵抗や磁気的特性などが変化することが知られている。もし，これらの微小な変化量を，実構造物で発生する雑音と明確に識別できれば材料の経年変化監視の有力な非破壊試験方法となり得よう。

表1.1 には，きずの評価を目的とした非破壊試験方法において，どのような物理現象が，どのようなきずを主な対象として用いられているかを要約したものである。放射線や音響振動は試験体の内部にまで伝達するので，試験体内部のきずをも試験の対象としている。これに対して，電磁気，光や浸透は，試験

表1.1 きずの評価に用いられる物理現象と非破壊試験方法の例

物理現象	非破壊試験方法	対象きず
放射能	放射線透過試験 （X線やγ線を試験体に透過し，きず像をフィルム上に影絵として写す）	内部きず
音響振動	超音波探傷試験 （試験体に超音波パルスを投入し，きず面からの反射パルスを検出する）	きず
	アコースティックエミッション試験（AE試験） （試験体中での割れの開口および伝播時に発生する弾性波を検知する）	割れの発生と伝播
電磁気	磁粉探傷試験* （試験体を磁化し，きずによる漏えい磁界に磁粉を付着させ，きずを磁粉模様として検知する）	表層きず
	漏えい磁束探傷試験* （試験体磁化し，きずによる漏えい磁界をホール素子などできずを検知する）	きず
	渦流探傷試験（電磁誘導試験） （交流を流したコイルによって発生する渦電流場のきずによる"乱れ"をコイルのインピーダンス変化として測定し，きずを検知する）	表層きず
	電位差法・電気抵抗測定法 （試験体に電流を流し，きずによる電位差や抵抗変化を測定し，きずを検知する）	表層きず
光	目視 光学的試験	表面開口きず
浸透	浸透探傷試験 （試験体表面に開口したきずに浸透液を浸み込ませ，それを現像液で吸い出し，きず指示模様を観察する）	表面開口きず

＊磁粉探傷法と漏えい磁束探傷法を併せて本書では磁気探傷法という

体表面にしか物理現象は作用しないので，原則として表面きずを試験の対象としている。

表1.2は材料劣化の評価を目的としてまとめたものである。構造物の長寿命化が進むに連れて，材料劣化の検出技術の確立がより求められるようになってきている。構造物に割れなどのきずがあると，きずの先端部で応力集中が生じて高い応力が生じる。材料のじん性が優れていれば，きずがあっても進展しない。しかし，高温高圧などの環境で材料劣化が生じれば，じん性が低下し，同じきずでも有害となって欠陥になりかねない。

このためには，材料劣化を監視する必要がある。このことは，単に次回の定期検査まで確実な操業を保証する目的のほかにも，損傷部の改修に必要な準備期間を確保するために，より早期の寿命予測が求められてきている。

材料劣化の検知方法は，材料劣化の種類が多いことのほかにも材質によっては損傷の形態が異なることも多い。損傷の度合いを変えた標準試験片を用いて評価のマスター曲線を作成して評価することも多いが，どの範囲に適用ができるかの適用範囲を明確にしておく必要がある。近年，構造物の大型化とともに，高温や高圧などの使用環境が厳しくなり，これに耐えうる新しい材料の適用が進められてきており，この種の測定技術の開発は永遠の課題ともいえよう。

表1.2　材料劣化の評価に用いられる物理現象と非破壊試験（劣化検知）方法の例

物理現象	非破壊試験方法	対象
光	・目視 ・レーザホログラフィー	→ 組織変化・粒界腐食 → 塑性ひずみ，疲労損傷
放射能	・X 線回折 ・X 線回折プロファイルの半値幅 ・オージェ分光分析 ・陽電子消滅法	→ 残留応力，亜結晶のミスオリエンテーション → 疲労，クリープ → 熱処理によるぜい化 → 水素ぜい化，塑性変形
超音波	・減衰法 ・音速変化 ・拡散法 ・波形，周波数解析 ・磁気 AE 法	→ 結晶粒粗大化，水素ぜい化 → 水素アタック，クリープ疲労 → 結晶粒粗大化，偏析 → クリープ損傷，σ 相ぜい化 → クリープ損傷
電磁気	・渦電流法 ・電気抵抗法 ・磁化曲線（B-H 曲線） ・バルクハウゼン効果	→ クリープ損傷，第 2 相粒子の析出 → 炭化物析出，クリープ疲労 → 硬度変化 → 残留応力
その他	・エキゾ電子放射 ・電気化学計測 ・赤外線放射	→ 疲労損傷，塑性変形 → 炭化物析出（鋭敏化） → 疲労

14　第1章　非破壊検査の役割

1.4　溶接部のきずの検査に広く用いられる非破壊試験

　多くの物理現象が非破壊試験に応用されていることを前項で紹介した。しかし，汎用的に用いられるには，きずの評価に関する定量化がなされ，規格化されて，ある程度の技量を有していればほぼ同等に評価できることが確認される必要がある。この観点で，溶接部のきずに対する非破壊試験方法として，磁粉探傷試験，浸透探傷試験，放射線透過試験や超音波探傷試験が古くより用いられてきた。

　均一な試験結果を得るに必要な技量については，日本非破壊検査協会がJIS Z 2305：2013「非破壊試験技術者の資格及び認証」に基づき実施している技量認定制度がある。ここでは，放射線透過試験(RT)，超音波探傷試験(UT)，磁気(磁粉)探傷試験(MT)，浸透探傷試験(PT)，渦電流探傷試験(ET)およびひずみゲージ試験(ST)の6部門に関して，レベル1からレベル3の技量認定を行っている。各レベルのもつ力量(責任範囲)を**表1.3**に示している。

表1.3　各認定レベルの力量(責任範囲)の比較

資格レベル	力量(責任範囲)
レベル1技術者	(1) レベル1の認証を受けた個人は，指示書に従って，かつ，レベル2又はレベル3技術者の監督の下で，NDTを実施する力量を実証している。雇用主はレベル1技術者に，資格証明書に明記された力量の範囲で，NDT指示書に従って次の項目を実施する許可を与えてもよい。 (a) NDT装置を調整する。 (b) NDTを実施する。 (c) 記載された基準に従ってNDT結果を記録し，分類する。 (d) 結果を報告する。 (2) レベル1の認証を受けた技術者は，使用するNDT方法若しくは技法の選択又はNDT結果の解釈について責任を負ってはならない。
レベル2技術者	(1) レベル2の認証を受けた個人は，NDT手順書に従ってNDTを実施する力量を実証している。雇用主はレベル2技術者に，資格証明書に明記された力量の範囲で，次の項目を実施する許可を与えてもよい。 (a) 使用するNDT方法に適用するNDT技法を選択する。 (b) NDT方法の適用制限を明確にする。 (c) NDTコード，規格，仕様書及び手順書を，実際の作業条件に適したNDT指示書に書き換える。

	(d) 装置の調整及びその検証を行う。 (e) NDT を実施し，監督する。 (f) 適用される規格，コード，仕様書又は手順書に従って結果を解釈し，評価する。 (g) レベル 2 又はそれより下のレベルの全ての作業を実施し，監督する。 (h) レベル 2 又はそれより下のレベルの技術者を指導する。 (i) NDT 結果を報告する。
レベル 3 技術者	(1) レベル 3 の認証を受けた個人は，認証の対象となる NDT 作業の実施及び指示する力量を実証している。レベル 3 技術者は，次の項目を実証している。 (a) 現行の規格，コード及び仕様書によって結果を評価し，解釈する力量をもっている。 (b) NDT 方法の選択，NDT 技法の確立及びほかに判定基準が存在しない場合にはその確立を補佐するために，適用する材料，製造，プロセス及び製品技術についての十分な実技に関する知識をもっている。 (c) ほかの NDT 方法に関する一般的な知識に精通している。 (2) レベル 3 技術者に，資格証明書に明記された力量の範囲で，次の各事項を実施することを許可してもよい。 (a) 試験設備，並びに試験センター及びその職員についての全責任を負う。 (b) NDT 指示書及び手順書を作成し，編集上及び技術上の精査，並びに妥当性を実証する。 (c) 規格，コード，仕様書及び手順書を解釈する。 (d) 使用する特定の NDT 方法，手順書及び NDT 指示書を指定する。 (e) 全レベルの全ての作業を実施し，監督する。 (f) 全レベルの NDT 技術者を指導する。

表1.4 は，広く溶接部のきずの検査に用いられている浸透探傷試験，磁粉探傷試験，放射線透過試験や超音波探傷試験が活用している物理現象を比較したものである。なお，先に紹介した日本非破壊検査協会が実施している認証制度の部門名には，磁粉探傷試験ではなく磁気探傷試験の名称が用いられている。きずの指示を明確にするために，目立つように着色した金属粉末を用いる場合を磁粉探傷試験と呼び，最も広く用いられているのでここで紹介している。本書の磁気探傷試験は，この他に磁気センサを用いる方法も含み，広い意味を持たせている。

磁粉探傷試験は，鉄鋼材料などの強磁性材料に対して，試験体を磁化させ，試験体の表層部に磁束を発生させる。もし試験体にきずがなければ，この磁束が外部にほとんど漏えいしないが，磁束をさえぎるきずが存在すると外部に漏えい磁束（磁界）が発生する。鉄粉などが近くに存在すると，鉄粉はこのきずに

16　第1章　非破壊検査の役割

表1.4　溶接部のきずの検査に用いられる主な非破壊試験の原理の比較

試験方法	磁粉探傷試験	浸透探傷試験	放射線透過試験	超音波探傷試験
きず検出の原理	（電磁気）漏えい磁界が生じ欠陥に磁粉が吸着する	（浸透）浸透液が浸透する	（放射線・透過性）健全部ときず部の透過線量の差によりきずを検出する	（音響振動：パルス反射）一般に，きずにより反射された超音波を受信してきずを検出する
対象欠陥の位置	表層部	表　面	内　部	内　部
適用材料	強磁性材料	多孔質なものなど例外を除きすべて	全　部	全　部
検出しやすいきずの形状	割　れ	開口きず	透過方向に奥行きがあるきず	超音波伝搬方向の直交方向に拡がりがあるきず

よって生じた漏えい磁束（磁界）によってきず部に吸着される。識別に富んだ塗料や蛍光塗料を塗布した鉄粉を吸着させることで，識別性に優れた磁粉による指示模様を形成させることができる。

　浸透探傷試験は，表面に開口したきず部に，浸透液と呼ばれる，例えば赤などの識別性に富む色に着色した液体を充分に浸透させる。その後に，きず内部の浸透液を残したまま，試験体表面の浸透液をふき取る。この段階では，浸透液はきずの内部に埋もれた状態で，まだきずを顕在化できていない。

　これに，例えば揮発性溶剤に白色微粉末を縣濁させたものを，エアゾール缶で吹き付けて白い粉末の薄い均一な膜を形成すると，白い粉末の隙間に，赤の浸透液が吸い出されてきて，白地に赤の明瞭な指示模様が得られる。

磁粉探傷試験と浸透探傷試験に用いられている物理現象の説明から，適用できる材料や検出できるきずが両者の試験方法で異なることにお気づきいただけるであろう。磁粉探傷試験は，試験体を磁化する必要があるので強磁性材料にしか適用できない。すなわち，オーステナイト系ステンレス鋼やアルミニウム合金などではきずの検出能力はない。一方，浸透探傷試験では，材料がもともと多孔質なものなどの特別な場合を除けば，ガラスであっても材質を選ばずに広く適用が可能である。

　また，浸透探傷試験では，表面に開口しているきずだけが検出の対象になるが，磁粉探傷試験では磁束が強く流れる表層部であれば，必ずしも開口していなくても表面から少し埋没しているきずも検出の対象となる。

　放射線透過試験は，放射線が物質を透過し，このときの減弱の度合いが板厚や材質に依存することを活用している。すなわち，試験体内部にブローホールなどの空洞があると，健全部ときず部で放射線が透過する板厚に差が生じる。したがって，ブローホールなどのきず部を透過した放射線の強度は，健全部を透過した放射線の強度より強くなる。試験体の裏面にフィルムを置いて，試験体を透過した放射線でフィルムを露出すれば，より強いきず部の放射線はフィルムをより黒化させてきずの像を黒く写し出す。

　試験体内部にスラグ巻込みなどがある場合も同様である。金属に比べてスラグの減弱係数は小さいので，ブローホールなどの空洞の場合と同様にフィルム上により黒化した像としてきずを捉えられる。タングステンを電極として，タングステン電極と母材との間に安定したアークを形成させることで高品質な溶接部を得るティグ溶接が用いられている。このタングステン電極が溶け落ちて溶接部に巻込むことがある。この場合には，タングステンの放射線の減弱係数が母材よりも大きいので，フィルム上にブローホールなどとは異なり白い像としてきずを捉える。

　超音波探傷試験は，パルス状の高い周波数の超音波を試験体に伝搬させ，きずでの反射波を捉えて評価する方法である。音の周波数がおおよそ 20 kHz を超えると人に聞こえなくなり，超音波と呼ばれる。鋼などの溶接構造物の超音波探傷試験では，一般にさらに高い周波数の 2 〜 5 MHz 程度の超音波が用いられ，波長は 1 mm 前後になる。

　超音波探傷試験を山彦の例で紹介することも多い。大きな山に向かって大

18 第1章 非破壊検査の役割

声で「ヤッホー」と叫ぶと，しばらくしてから「ヤッホー」とこだまが返ってく
る。例えば叫んでから3秒後にこだまが返ってきたとすると，大気中の音速
を340m/sとして，「ヤッホー」が1,020m大気を伝搬したことになり，半分の
510m先にある山から反射して耳に届いたことになる。すなわち時間を計るこ
とで，音源までの距離がわかる。

　しかし，この音は四方八方に広がるので，山の位置や大きさを判断するには
不都合である。高い周波数を用いて波長を短くすると，超音波の指向性が鋭く
なり，特定の方位に伝搬する超音波ビームとなる。これによって，きずの評価
が可能になる。また，波長の短いパルス波とすることで，距離分解能の向上を
図ることができる。

　超音波の送受信には一般に圧電素子が用いられる。両面に電極を取付けた圧
電素子に例えば太鼓を叩くような衝撃的な電圧が印加されると圧電素子は振動
して，超音波を送信する。逆に圧電素子が超音波を受信すると，両面の電極間
に音圧に比例した電圧が発生する。したがって，超音波探傷で測定しているの
は電圧であり，電圧変化の履歴を測定している。

　すなわち，超音波探傷器とは，圧電素子を振動させるための電圧を発生させ
るパルサーと，圧電素子で発生する電圧変化の履歴を観察するオシロスコープ
の組合せで構成される。もちろん，超音波が試験体に送信される位置をコン
ピュータに取込んで，電圧変化の履歴を組合せることで，きずの指示模様を画
像化した自動探傷や半自動探傷も行われる。現状ではまだ，探傷者が探傷器の
画面を観察しながら試験する手動探傷によることの方が多い。

1.5　その他の非破壊試験

　構造物の信頼性を確保するための非破壊検査には，構造物が設計通りの寸
法・形状で作られているかの試験も極めて重要である。例えば，圧力容器の溶
接部に大きな角変形があれば，内圧が加わるとまっすぐになろうとして曲げ荷
重も加わる。

　この試験は，外観試験と呼ばれ，これに関するJIS規格としてJIS Z 3090：
2005「溶融継手の外観試験方法」がある。外観試験は，目視試験と計測試験で構

1.5 その他の非破壊試験　19

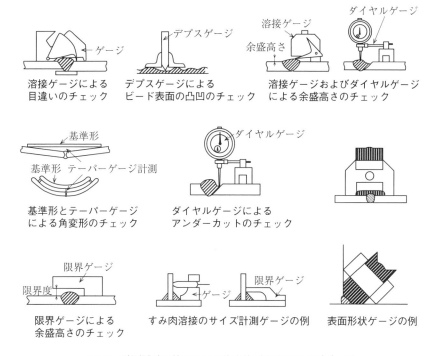

図1.2　計測試験に使用される代表的測定機器およびゲージ

成される。計測試験では巻尺やノギスあるいは**図1.2**に示すような各種のゲージを用いたより定量的な測定が行われる。

　もちろん，外観試験には寸法・形状の確認のほかにきずの検知も含まれる。しかし，磁粉探傷試験や浸透探傷試験できずが顕在化するような微細なきずは対象としないで，むしろ溶接部の外観がその後に行われる非破壊試験の検出性に悪影響を及ぼさないかの確認が重要である。

　例えば，試験箇所の表面粗さは磁粉探傷試験や浸透探傷試験のバックグランドノイズに影響を及ぼし，超音波探傷試験の超音波の伝達に重要な影響を及ぼす。余盛形状の不規則さや余盛高さは放射線透過試験の像質に影響を及ぼし，超音波探傷試験におけるノイズの発生要因として悪影響を及ぼす。

　配管や容器などの溶接構造物に耐圧試験や漏れ試験が行われる。耐圧試験は

設備が静的圧力に安全に耐えうるかを確認するために行われ，設計圧力の1.25
～1.5倍といった高い圧力が負荷される。微小な漏れの確認が目的ではない。
また，万一の場合も想定して，加圧中に試験部に近づくことは避けるべきであ
り，加圧には安全面から水を用いることが優先される。

　耐圧試験を非破壊検査に含めない場合もあるが，耐圧試験時に行われること
もあるひずみゲージ試験やアコースティックエミッション試験は非破壊検査に
分類されている。

　ひずみゲージ試験とは，金属(抵抗体)が外力によって伸縮すると，抵抗値も
変化することを利用して，抵抗線を薄い電気絶縁物を介して構造物に貼り付け
て構造物に加わるひずみ量を電気抵抗値の変化として測定するものである。変
化する電気抵抗量は極めて微小なために，ホイートストンブリッジ回路を用い
て電圧変化として捉えられる。

　アコースティックエミッション試験は，加圧中にき裂が発生あるいは進展す
るのを監視する目的で用いられる。材料中にき裂が発生あるいは進展すると，
弾性波が発生する。この弾性波をAEセンサ(超音波センサ)で受信して試験す
る。

　評価には，AEの発生数であるAE事象数，AE波の振幅値やエネルギーお
よび複数のセンサで受信した時間差を用いて求めた音源位置やその近傍位置に
おける発生頻度などが用いられる。これらの信号を，ノイズと峻別して評価す
ることが重要である。ノイズには，外部からの雑音や電磁波，および構造物の
支持機構から伝わるノイズのほかに，加圧系統からのノイズがある。

　圧力容器の耐圧試験時のアコースティックエミッション試験に関する規格と
して，JIS Z 2342：2003「圧力容器の耐圧試験などにおけるアコースティック
エミッション試験方法及び試験結果の等級分類」がある。これによれば，耐圧
試験中に定められた危険レベルに達したならば，ただちに耐圧試験実施責任者
に報告し，指示を仰ぐことが規定されている。

　なお，アコースティックエミッション試験は，この他にも供用期間中の構造
物の劣化の監視にも使用されている。構造物の供用中に異常な弾性波の発生が
ないかの監視が行われており，また，橋梁などでは積載車を通過させることで
荷重を負荷して異常音の発生がないかの試験が行われている。

　また，腐食の発生時にも弾性波が発生することが確認され，石油タンク底板

の腐食を，タンクを開放することなく，タンクに石油を満載したまま外部から
アコースティックエミッション試験を行い，腐食のレベルを評価することが欧
米を中心に行われている。

漏れ試験とは，板厚を貫通している微小なきずを検出する試験方法である。
したがって，薄肉の容器や配管に用いることが多く，内外面で圧力差を設けて
試験を行う。漏れ試験の種類は多いが，用いる媒体で区分すると，液体を用い
る方法，気体を用いる方法と特定なサーチガスを用いる方法に分類できる。

液体を用いる方法では，内部に蛍光塗料を添加した液体を入れ，暗所で紫外
線を照射して漏れ部を検出する方法や，片側に浸透液を塗布し，反対側に現像
液を塗布して指示模様を観察する方法などがある。

内部を空気などの気体で加圧して行う方法としては，石鹸水などの界面活性
剤を含む発泡液を漏えい部に塗布して行う発泡漏れ試験や漏れに伴う圧力変化
を測定する方法などがある。

サーチガスを用いた漏れ試験には，サーチガスにヘリウムを用いたヘリウム
漏れ試験やアンモニアをサーチガスとしたアンモニア漏れ試験などがある。ヘ
リウム漏れ試験では，ヘリウムディテクタを用いて漏れを検知するが，アンモ
ニア漏れ試験では検査剤を試験体表面に塗布しておき，アンモニアとの化学反
応で黄色から青色に色が変化することで漏れを検出する。

また，赤外線サーモグラフィも注目されている。サーモグラフィとは，物体
から放射される赤外線を分析し，熱分布画像として表したもので，国際空港な
どで伝染性疾患の疑いのある発熱者の入国を監視するに使われているのがよく
知られている。工業的にも，建築のタイルの浮きなどの検査に用いられてい
る。タイルの接着部に空気の層ができると，太陽光などにより温度が健全部よ
り上昇するので検出できる。また電気設備の劣化にともなって発熱している箇
所の検出にも適用されている。

さらに，きずの検出にも期待が高まってきている。きずの検出には，ランプ
などを用いて試験体表面を加熱して行うアクティブサーモグラフィが用いられ
る。すなわち，サーモグラフィカメラをランプの照射と同期させて熱の拡散を
観察することで，きずによる熱の拡散の変化を捉えることができる（ロックイ
ンサーモグラフィと呼ばれる）。振動波や超音波エネルギーを伝播させ，き裂
表面で摩擦によって発熱させることも利用されている。

22 第1章 非破壊検査の役割

　非破壊試験方法の分類と構造物の製造時における適用例を，**表1.5**に要約している。なお，太字で示した試験方法については第2章以降でより詳しく取り扱っている。

表1.5　非破壊試験方法の分類と構造物製造時の適用例

試験方法		適用例
外観試験	計測試験	寸法・形状
	目測試験	外観形状・表面状態
放射線透過試験		溶接部・鋳物などの内部きず
超音波探傷試験		溶接部・板・鍛鋼品などの内部きず
磁粉探傷試験		強磁性体の材料・溶接部表層部きず
浸透探傷試験		材料・溶接部の表面開口きず
渦電流探傷試験		表層部きず
（耐圧試験）		（静水圧による健全性確認）
アコースティックエミッション試験		耐圧試験時のき裂発生・進展監視
ひずみゲージ試験		耐圧試験時のひずみ監視
漏れ試験		気密性／水密性の確認
サーモグラフィ試験		構造物製造時の適用例としては少ない

1.6　非破壊試験の適用時期

　非破壊検査を品質保証の目的だけで行うのであれば，非破壊検査の適用できる時期であればいつでもよいかもしれない。しかし，検査の結果，手直しや補修が必要になることを前提に適用時期を検討する必要がある。

　かなり以前に，素材メーカーの検査員資格に疑念が生じ，疑念の検査員が実施した検査をすべて再検査することになった。山や海にある製品を追い求め，検査するだけで膨大な費用を要し，さらには山中深くにある製品の取替えが必要となったために，とてつもない費用を費やしたことがある。同様に検査時期の誤りは膨大なコストのロスに繋がる恐れのあることを認識し，確実に管理されるべきである。

構造物の製造フローは構造物の種類などで大きく異なり，また一般に複雑であるが，極めて簡略化した検査の適用時期を示すフロー図の例を図1.3 に示した。メーカーで素材が作られると必要な非破壊検査が行われる。製造業者は，立会いあるいは記録確認によって仕様通りに作られたことが確認された製品を受け入れる。

受け入れた素材は切断や機械加工を経て溶接前の開先合せが行われる。この溶接前の段階において溶接施工前検査が行われる。ここでは加工精度や組立て精度が設計公差内であることの確認および開先面の清浄などが確認される。図1.4 に溶接施工前検査での検査項目の例を示す。

材料の精錬技術が未熟であった昔においては，開先面の層状の偏析部から多量の硫黄が溶接部に混入してサルファークラック（融点の低い硫化鉄が生成することで生じる高温割れの一種）が多発したこともあった。開先面に対し，磁粉探傷試験が行われることもある。

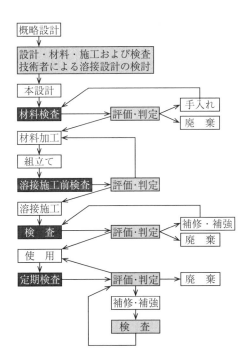

図1.3　検査の適用時期を簡略化して示したフロー図の例

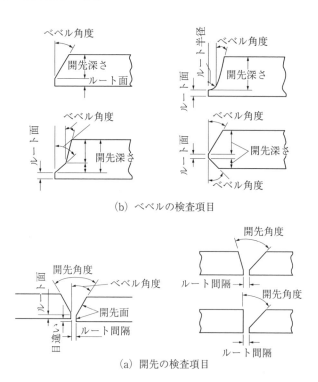

図1.4 溶接施工前検査での検査項目の例

　溶接は基本的には連続して行われる。溶接が完了した後に，外観検査を含む溶接部の非破壊検査が行われる。なお，低合金鋼などの溶接部においては，内部に侵入した拡散性水素に起因した低温割れが発生することがある。この割れは水素が堆積するのに必要な遅れ時間を経て発生するので，検査はこの遅れ時間を見越した時期に行う必要がある。低温割れが発生するまでの遅れ時間は，溶接部に進入した水素量や，温度や材質に依存する水素の拡散速度の影響を受けるが，一般には溶接終了後24〜48時間経た後に検査が行われる。
　また，多層溶接において初層部が最も融合不良，スラグ巻込み，ブローホール，割れなどの欠陥が生じやすいとされている。このため，裏当て金を用いる場合や完全な裏波が得られるような片面溶接などの場合を除いた重要な突合せ溶接継手部は裏はつりと裏溶接が行われる。この裏はつり後にきずが残存していないことを確認するための表面検査が行われる。このように，溶接中におい

ても検査が行われている。

　非破壊検査において不具合が検出され，補修を行った場合には，必ず不具合部が修復されたことを非破壊検査で確認する必要がある。

　構造物が完成すると，使用に先立って耐圧試験や漏れ試験などの完成検査が行われ，構造物の稼動に入る。稼動後は，定期的な検査が繰り返されることも多い。

1.7　非破壊試験に望まれること

　時代の変遷につれて，非破壊検査に望まれる内容も変化してきた。例えば，1.3節の表1.2に示した材料劣化の検出手法の確立が熱望されるようになったのはそれほど古くはないであろう。このことは経済成長とも関係が深い。1964年の東京オリンピックで象徴される高度成長期（1955〜1973）にあっては，より良いものをより多量に求める社会のニーズが急激に高まり，生産性の向上と品質管理活動が盛んに行われた時代でもある。

　この中で，構造物は社会のニーズに対応するために，構造物の劣化が顕在化する前に新しいものに置き換えられる傾向の強い時代でもあった。この様子を図1.5に示している。この時代において非破壊検査は品質管理や品質保証の1つの重要な手段として，手順化が進められ活用されてきた。

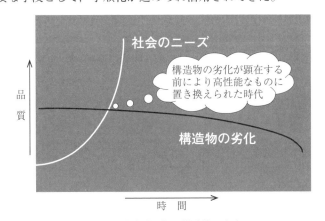

図1.5　高度成長期の構造物の寿命

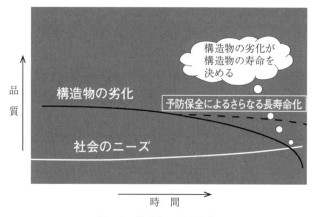

図1.6　構造物の長寿命化

　イラン・イラク戦争を契機に経済の高度成長期は安定成長期に移り，量より付加価値を求める質の時代に変化した。これにともない構造物の大型化への時代は終わり，構造物の長寿命化の時代を迎える結果となる。これとともに，構造物の劣化の顕在化がより強く懸念されるようになり，材料劣化の検出手法も強く求められるようになった。この様子を図1.6に示している。

　例えば，重油を中東から搬送するための大型タンカーで見てみると，1959年に10万トンタンカーが出現し，わずか7年後には20万トン級が出現し，1975年には55万トン近くのタンカーも建造されている。その後，40年近く大型化の傾向が停滞していることは，時代の変化の1つの象徴であろう。

　この構造物の長寿強化の傾向にともなって，非破壊検査の役割の重要性が叫ばれてきた。特に，国内の構造物に比べて平均で10年から20年間年齢が古いとされた欧米における1980年代に，種々の活発な活動が展開されている。

　欧米の各地で大型コンピュータを駆使したフェーズドアレイ探傷技術や開口合成技術（複数の素子で受信した波の干渉を解析して，高い分解能を得る技術）などの種々の新しい探傷手法の開発が盛んに行われた時期でもある。最近国内でもJISに取り入れられ，きず高さ測定に優れた手法とされているTOFD探傷法もこのころにイギリスで開発されている。

　なお，これらの技術は，その後の急速なコンピュータ技術の進歩に伴って，小型化して今日比較的容易に装置を現場に持ち込んで活用しやすくなっている。

　また，1981年に開始された世界15カ国の非破壊検査に関する大規模な国際

共同研究プログラムが欧州の呼びかけで行われている。最大16トンの原子炉圧力容器を模擬した大型試験体4体を世界に回送し，延べ50チームが参加した大掛かりなもので，当時の最新検査技術の能力の評価や，ASME規格などを修正するための貴重なデータが集められている。**図1.7**は国内でのプロジェクト参加の様子を示している。

一方，近年は炭素繊維強化プラスチック（CFRP），エンジニアリングセラミックス，エンジニアリングプラスチックや電子機器部材などの新しい素材や製品の品質管理，品質保証などの手段としての非破壊検査手法の確立が求められている。また，コンクリートなどのインフラの老朽化にともなっての新しい非破壊検査手法に期待が寄せられている。近年は非破壊検査に対して多様化が求められている。

図1.7　1980年代に行われた世界15カ国による非破壊試験国際共同プロジェクトへの日本チームの参加の様子[2]

1.8　本書の構成

このように，非破壊検査に対する社会のニーズも時代とともに変化してきているが，溶接構造物の品質管理・品質保証の1つの手段として用いられている非破壊検査としては，浸透探傷試験，磁粉探傷試験，放射線透過試験や超音波

28　第1章　非破壊検査の役割

探傷試験が中心であることは古くより変わりがない。

　本書は，これらの非破壊試験がきずを顕在化させるにあたって応用している物理現象を解説することで，それぞれの試験方法の特徴や適用時の留意点を理解いただくことを目的にしている。しかし，活用している物理現象の理解のしやすさには試験方法でかなり違いがあるように思える。

表1.6　溶接部の品質管理・品質保証の目的で用いられている主な非破壊試験方法の探傷結果の例

試験方法	探傷結果の例
磁粉探傷試験	指示模様
浸透探傷試験	指示模様
放射線透過試験	
超音波探傷試験	2018/05/23　13:51　　　UI01002.bmp G1　36%　　32.8mm　y　30.8㎜ d　　6.8㎜

例えば，きずを顕在化した後のきずの指示を**表1.6**に比較しているが，超音波探傷試験を除く磁粉探傷試験，浸透探傷試験や放射線透過試験の指示模様は，きずの形状を呈していることが多く，素人が見てもきずとして認識しやすい。しかしながら，超音波探傷試験の指示はオッシロスコープの画面上の探傷波形として捉えられ，これからどのような評価がなされるかについては素人には理解しがたい。

反面，超音波探傷試験の重要性は近年さらに強調されてきているように思える。先に構造物の経年劣化の評価が重要になってきていることを述べた。経年劣化で最も重要なきずに疲労割れや応力腐食割れなどの割れがある。これらの割れは表面から発生することも多く，磁粉探傷試験や浸透探傷試験も重要である。しかし，配管内面から発生する疲労割れや応力腐食割れのように，きずの存在する面に接近できないので反対の面より超音波探傷試験で検査する必要のある場合も多い。

図1.8は，Packmanらが行った，AISI4340鋼製シリンダー(外径76.2mm, 肉厚6.35mm)の外周に作製した疲労割れの検出性を，各種の非破壊試験方法で比較した結果である。1969年に報告されたもので，その後の技術の進歩を考えれば，再度評価されるべきではあるが，この種のきずの検出性に超音波探

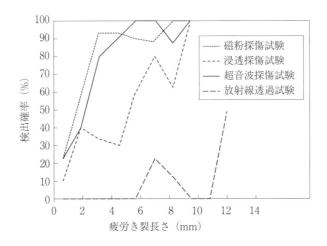

図1.8　PackmanらによるAISI4340鋼製シリンダー(外径76.2mm, 肉厚6.35mm)外周の疲労割れの各種非破壊試験方法による検出性の比較[3]

傷試験が優れていることを示唆している。

また，超音波探傷試験は，板厚方向の情報を最も採取しやすい試験方法といえる。磁粉探傷試験，浸透探傷試験や放射線透過試験の指示模様は平面的である。これに対して超音波探傷試験は超音波の試験体への入射方向と伝搬時間よりきずの深さ方向の情報を得ることができ，魅力的である。

これらのことより，非破壊試験を理解いただくには，この難解な超音波探傷試験に慣れ親しんでいただく必要があろうと考え，より多くの紙面を割いた。すなわち，超音波探傷試験の解説に，第2章と第3章を当てた。第2章では超音波探傷試験の基礎として，超音波探傷試験に用いられている物理現象を中心に解説した。第3章は超音波探傷試験の実践として，第2章で解説した物理現象をどのように活用して試験が行われているかを，試験精度や最近の動向を交えて解説した。

第4章では放射線透過試験の理論と実践を合わせて解説した。第5章は磁粉探傷試験，第6章は浸透探傷試験を，また第7章で渦電流探傷試験を解説している。

なお，はじめて非破壊試験に触れられる方々が，それぞれの立場で非破壊検査を理解し活用いただくことを目的にこの本を書いている。特に，構造物の長寿命化の時代にあって，多くの溶接構造物に携わる方々に非破壊検査を理解いただくことも重要であると考えている。

もちろん，非破壊検査のプロを目指される方にとっては，本書を物足りなく思われるかもしれない。プロを目指される方には，試験方法およびレベルごとに日本非破壊検査協会がテキストを編集している。本書である程度の概要を理解された後は，それらのテキストで改めて系統的に学習されることをお勧めしたい。

第2章

超音波探傷試験の基礎

　超音波探傷試験とは，パルス状の高い周波数の超音波を試験体に伝搬させ，きずでの反射波を捉えて評価する方法であると第1章で紹介した。しかし，この短い文章の中にいくつかの疑問を感じられた方も多かろう。例えば，パルス状の高い周波数とはどの程度で，波長はどのくらいになるのだろうか。超音波は材料中をどのように伝搬するのだろうか。超音波はどのようなところでどのように反射するのだろうか。そもそも何故きずでの反射波を評価するのかなど。

　超音波探傷試験の具体的な測定方法を紹介する前に，これらの疑問にまず答えることが必要と考え，超音波の基本的な性質についてこの章で紹介することにした。

2.1　波長から見た超音波探傷試験と放射線透過試験の比較

　超音波探傷試験を理解するために，放射線透過試験との大きな違いから始めよう。放射線は**表2.1**からもわかるように，光よりもさらに短い波長の電磁波である。例えば 10^{-10} m といったとてつもなく短い波長を用いている。

　これに対して，鋼溶接部の超音波探傷試験では通常1mm前後の波長を用いる。実に，放射線透過試験に比べると 10^7 倍程度も長い波長になる。この用いる波長の長さの大きな違いで，両者の試験方法が大きく異なってくる。

　波長の短い放射線は光のように直進する。また，放射線は物質によって減弱しながら通過する性質があるので，きずによる減弱量の差から，きずの影をフィルムなどに写しだすことができる。ここでは，きずの存在でどの程度の濃度差

32　第 2 章　超音波探傷試験の基礎

表2.1　電磁波の波長と名称

波長	周波数	呼び名		特性・用途
1 km	300 Hz	長波		船舶通信
100 m	3 MHz	中波 / 短波		AMラジオ放送
10 m	30 MHz	超短波		FMラジオ放送(アナログTV放送)
1m	300 MHz	極超短波	電波	地上デジタル放送
10 cm	3 GHz	マイクロ波		衛星放送・電子レンジ・携帯電話
1 cm	30 GHz	ミリ波		レーダー
1 mm	300 GHz	サブミリ波		電波天文学
10 μm	3 THz	遠赤外		ヒーター
1 μm	30 THz	中間赤外 / 近赤外	赤外線	サーモグラフィ / 赤外線リモコン
700 nm	400 THz	赤	可視光	
360 nm	800 THz	緑 / 青紫		
100 nm	3×10^{15} Hz	近紫外	紫外線	日焼け・殺菌・半導体製造
10 nm	3×10^{16} Hz	衛星紫外		
		X 線	放射線	レントゲン写真
10 pm	3×10^{19} Hz〜	ガンマ線		PET診断 / Fermi衛星は2×10^{24}Hz以上を観測

気象衛星
ひまわり

X線天文衛星
すざく衛星

がフィルム上に生じ，どの程度の濃度差であれば肉眼で識別できるかに関心が向けられる(第 4 章に詳細を示す)。

　ブローホールやスラグ巻込みのように板厚方向に厚みのある塊状のきずは，フィルム上に濃度差がつきやすく，また放射線は直進するので，きずの形状を影として精度よく写しだすことができる。

　一方，放射線透過試験と比べると，とてつもなく長い波長を用いる超音波探傷試験では，放射線のように裏面側に明瞭なきずの影を作ることはできない。回折現象によって，波がきずの裏面側に回り込んで影を消していくからである。

　逆に，超音波はきずが小さい場合は散乱し，大きい場合は反射する性質がある。したがって，この散乱波や反射波をセンサで受信してきずを評価する手法

が用いられる。このように，極端に長さが異なる波長を扱う2つの探傷方法では，きずからの情報を採取する方法が異なってくる。

なお，波長の話をしたついでに，超音波探傷試験における波長について説明しておこう。地震の折に縦揺れや横揺れを感じるように，材料中を伝搬する音には圧縮波である縦波と，せん断波である横波の異なる種類がある。超音波探傷試験では，材料内部のきずを評価するのに，縦波と横波の両方が使い分けられる。波には，この他にも表面波や板波などのモードの波もあり，材料表面のきずや薄板や棒などの特殊な検査に用いられる。

> **コラム** 回折現象
>
> 昔，光が粒子か波かの大論争があったという。粒子説の根拠の1つがこの回折現象であった。大きな船に波が当たると，すぐ後ろには影ができるがやがて波が船を回り込んで影を消していく。これが波の性質である。しかるに光には鮮明な影ができるので光は波ではないなどの議論があったと何かの本で読んだ記憶がある。
>
> もちろん，光には波と粒子の両方の性質があることは誰しも理解していよう。またこのときの，回折角（障害物の背後に回り込む角度）は波長が大きいほど大きくなることを知っている。したがって，光によって鮮明な影が生じるのは光の波長が極めて短いからである。超音波探傷試験では，数ミリの高さのきずをミリオーダーの波長で計測している。したがって，この回折現象が測定精度に大きな影響を及ぼしてくる。
>
> 図は，大きな島陰に波が回りこんで打ち寄せてくる波の様子を写している。もし，回折現象がなければ，島影はあくまでも波のない鏡のような海面になっているであろう。
>
>
>
> 図　島影に回り込んで押し寄せる波の様子

34 第2章 超音波探傷試験の基礎

横波に比べて縦波の方が音速は速く，鋼中での縦波音速は約5,900m/s程度であり，横波音速は約3,230m/s程度である。すなわち，1秒間に縦波は5,900mほど進み，横波は3,230mほど進むことになる。なお，約としたのは，材質や組織によって多少変化するからである。

一方，鋼の超音波探傷試験では2MHzや5MHzの超音波が用いられることが多い。パルス状の超音波が探傷に用いられるが，連続波と仮定すれば，縦波は1秒間に5,900mほど進み，その間に2MHzでは2×10^6周期（個）の，また5MHzでは5×10^6周期（個）の波が存在することになる。したがって1周期分の長さである縦波の波長は，2MHzで2.95mm，5MHzで1.18mm程度となる。横波の場合は，同様に2MHzで1.62mm，5MHzで0.646mm程度の波長となる。

2.2　超音波探傷試験に課せられた大きな制約

超音波探傷試験に使用している波長は，一般にミリのオーダーであると述べた。しかし，より短い波長を用いれば，一般に指向性や分解能が向上し測定精度が向上することが期待される。にもかかわらず，何故ミリのオーダーの波長を用いるかを考えてみよう。これには，結晶粒径の数倍以下の波長の超音波は材料中で著しく減衰することを理解する必要がある。

図2.1に示した1枚の画像は，より短い波長を用いることができれば解像度が著しく向上することを理解いただくための一例を示している。すなわち，減衰がほとんど生じない水中に500円硬貨を置き，25MHzの集束探触子で超音波探傷したときの探傷画像である。集束探触子とは，球面状に加工された振動子を用いたもので，振動子の面上から水中に送信された波（振動子は無数の点音源が連なって構成されていると考え，それぞれの点音源からの波）は，球面の中心位置で同一の位相となって高い音圧を持ち，この位置で超音波ビームは集束する。この集束位置に500円硬貨を置いて，探触子を走査させ，硬貨表面からのエコー高さ分布を求めた画像である。

水中の音速は約1480m/sであるので，使用した超音波（25MHz）の波長は，約60μmであり，集束ビーム幅も100μm程度とすることができる。このように分解能を高めることで，極めて識別度の高い鮮明な画像を得ることができ

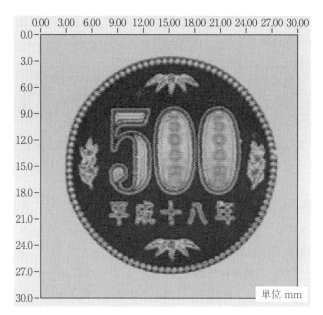

図2.1　25MHz集束探触子による500円硬貨の水浸探傷結果

る。また，500円硬貨を肉眼で観察しても気づかないような，大きな500の横文字の00の内部に縦書きで500円の文字が刻まれているのにも気づく。

　鋼中においても，もし100MHzの超音波を用いれば，ほぼ同等の波長（縦波で波長59μm）となり，図に示したような繊細な探傷画像が期待できよう。このように繊細な超音波ビームを使用できれば，放射線透過試験のように，探傷画像からきずを評価でき，超音波探傷試験ももっと理解しやすいものになったであろう。

　しかし，このように波長の短い超音波を構造物の探傷に用いることはできない。この理由は，金属組織である結晶粒の大きさにある。金属が凝固を始めるとき，無数の核よりそれぞれランダムな結晶方位で凝固が進行し，ぶつかり合って結晶粒界を形成する。したがって，結晶粒界では互いの結晶方位が異なってくる。

　金属のヤング率は結晶方位で変化するから，ヤング率の関数で表される音速も変化する。結晶粒界で音速がわずかに変化することより，結晶粒界が超音波の反射源になる（2.4節の「超音波の透過と反射」を参照）。超音波が伝搬する過

36   第2章　超音波探傷試験の基礎

程で無数の結晶粒界よりの散乱波が生じ，これらが干渉しあってノイズになるとともに，超音波は減衰する。この結晶粒界での散乱にともなう減衰を散乱減衰と呼んでいる。

夕焼けが赤く映るのは，大気のチリで波長の短い青い光が散乱し，波長の長い赤い光だけが届くためと習った。チリがさらに大きくなれば，赤い光も届かなくなり，あたりは暗くなるであろう。超音波も結晶粒径に対して波長が短くなれば，超音波は遠くまで届かなくなる。探傷感度を上げると結晶粒界からのエコーが大きくなり，林状エコーと呼ばれるノイズによって探傷ができなくなる。

超音波が材料中を距離 x 伝搬したとき，P_0 の音圧が P_x になったとすると，(2.1) 式が成り立つ。ただし，ここでの超音波は拡散しない平面波と仮定し，材料の主に結晶粒界に起因する減衰のみを考える。

なお，音圧について簡単に説明しておこう。音波が媒体中を通過するときに，媒質の粒子が振動し，媒質内の圧力が変化する。超音波ではこの振動を直接感じることはないが，はるかに波長の長い可聴音を出すスピーカーの振動板が震えているのを思い起こしてほしい。この媒質の圧力の変動分を音圧といっている。

超音波探傷試験では，この音圧を振動子（特定の周波数となるように圧電素子から切り出した素子）で受信していることになる。すなわち，振動子が受信した音圧に比例して出力される電位差を測定していることになり，受信する振動子の位置を順次遠ざけていった時の材料中の散乱に起因するエコー高さの低下の度合いを表していると考えてよい。

$$P_x/P_0 = e^{-\alpha_0 x} \cdots\cdots\cdots\cdots (2.1)$$

自然対数を用いて表すと，次式が得られる。

$$\ln(P_x/P_0) = -\alpha_0 x \cdots\cdots\cdots (2.2)$$

これより，音圧低下の比率を自然対数で表すと，距離 x と比例定数を $-\alpha_0$ とした比例関係にあることがわかる。この α_0 を減衰係数と呼んでいる。自然対数を用いた (2.2) 式から得られる減衰係数の単位は Np/m と便宜上表される（Np はネーパ：neper の記号）。この値は，理論を扱う場合に用いられること

があるが，一般には，音圧比の常用対数を20倍したdB値を用いた値を用いることの方が多い。

(2.1)式の左辺の音圧比を常用対数の20倍したdB値で表すと，次式となる。

$$20\log(P_x/P_0) = -\alpha_0 x \cdot 20\log(e) = -\alpha x \quad \cdots\cdots\cdots (2.3)$$

ここでの減衰係数 α の単位はdB/mとなる（xの単位をmmとしてdB/mmで減衰係数を表すことが多い）。すなわち，平面波が単位長さ伝搬するときに減衰するdB値として表現される。

図2.2に，アルミニウム中の超音波の減衰係数の周波数依存性の例(Mason)を示している。横波で7MHzの周波数（波長は約0.44mm）を用いた場合の減衰係数は20dB/m以上であり，超音波が1m伝搬することで，音圧は-20dBであるから1/10以下に低下することがわかる。また，さらに波長が短く高い周波数では，1/100，1/1000と対数的に急激に減衰が大きくなるのが予測できる。これより，超音波探傷試験で使用できる周波数（波長）は材料の結晶粒の大きさによって大きな制約を受けることがわかる。

より厚い材料でより遠方まで超音波を伝搬させる必要のある場合や，鋳物やインコネルなどのようにより粗い組織の材料を超音波探傷試験する場合には，

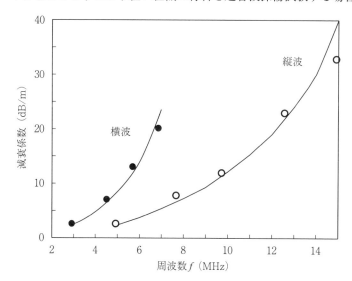

図2.2　アルミニウム中における超音波の減衰(Mason)

38　第2章　超音波探傷試験の基礎

結晶粒の細かい鋼の場合より低い周波数(より長い波長)の超音波を選択する必要がある。

　また，仮に減衰の話を無視して，図2.1のような詳細な探傷画像が得られるとしても，このためには，例えば100μmピッチのような細かい走査ピッチが必要になる。かつ，空間分解能に優れた領域は特定の深さ範囲に限られるので，大きな構造物全体を探傷しようとするととてつもない時間やコストが必要になる。この経済的な制約も考慮する必要がある。

　このために，一般には，指向性を持たせた超音波ビームを用いて，あたかも懐中電灯で暗闇を照らすようにして探傷を行って，あらかじめ定めたしきい値を超える反射物が存在するかを評価する。しきい値を超えるエコーが得られた

コラム　dB(デシベル)

　dB(デシベル)のB(ベル)は，電話を発明したアレキサンダー・グラハム・ベルに由来しているそうであり，電気の世界で電力の伝送減衰を表すのに用いられたのが最初と言われている。一方，d(デシ)は十分の一を表し，dℓ(デシリットル)などのd(デシ)と同じ意味である。現在のSI単位では，併用を認めているSI併用単位として扱われている。

　一方，JIS Z 8203：2000「国際単位系(SI)及びその使い方」では，「付属書A(規定)SI単位及びその10の整数乗倍と使用してよいSI以外の単位の例」の第7部の音の音圧レベルや音響パワーレベルなどを表す単位として，B，dBの規定がみられる。したがって，超音波探傷試験ではたびたびみかけるが，他の放射線透過試験などではみかけない単位である。

　では，dB(デシベル)にはどのような意味合いがあるのかを考えてみよう。アレキサンダー・グラハム・ベルの定義によれば，dB(デシベル)値は2点間の電力比(W_2/W_1)の常用対数を10倍した値であるから，次式で表される。

$$L = 10 \cdot \log\left(\frac{W_2}{W_1}\right) \quad \text{(dB)}$$

　一方，この関係を電圧比で表すことを考えてみよう。電力Wは電圧vの2乗に比例するので，$W = a \cdot v^2$の関係で表される(aは比例定数)。したがって，前式は，次式のように書き改められる。

$$L = 10 \cdot \log\left(\frac{av_2^2}{av_1^2}\right) = 10 \cdot \log\left(\frac{v_2}{v_1}\right)^2 = 20 \cdot \log\left(\frac{v_2}{v_1}\right) \quad (\text{dB})$$

　すなわち，dB（デシベル）値を電力で表す場合は電力比の常用対数値を10倍し，電圧で表す場合は電圧比の常用対数値を20倍して定義されることになる。このように定義することで，電力の伝送減衰を，電圧の測定値からdBで求めても，同じdB（デシベル）値となる。

　一方，超音波探傷試験での測定値は音圧であり，音による圧力の大気からの変動分で単位はパスカル（Pa）である。したがって，電圧と同じように，音圧比の対数値を20倍して定義される。超音波探傷試験では超音波エネルギーとして測定することはないので，dBといえば係数が20であると思いがちであるが，超音波エネルギーで測定すると仮定すれば，係数は10となろう。

　dB値は常用対数での表現であり，桁数の多い値を取り扱うのに適している。また，超音波探傷におけるdB値に慣れてくると，結構便利に思えてくる。2倍，3倍，10倍が6dB，10dB，20dBと覚えておくのが便利である。もちろん1/2倍，1/3，1/10倍の場合は，マイナスをつけて−6db，−10dB，−20dBとなる。その他の倍率は，次式の関係を利用すればよい。

　　$20\log(a \cdot b) = 20\log a + 20\log b$

　例えば6倍をdB値で表すには，6＝2×3であるので，6dB+10dBの16dBと暗算できる。

　また，対数には底を10とする常用対数と，底をeとする自然対数があるが，超音波探傷試験でdB値を用いると，常用対数を用いた相対エコーレベルであることがわかる。自然対数を用いて音圧比（P_1/P_0）を表す場合 $\left| \ln(P_1/P_0) \right|$ には，Np（ネーパ）が用いられる。この単位は理論を扱う分野で出くわすことがある。

ときには，その性状や寸法を調べるために，より細いピッチでの探傷を行う。このように，きずの有無をあらかじめ調査する探傷方法と異なる探傷手法できずの評価を行うことも，他の探傷方法ではあまり見られない超音波探傷試験の特徴であろう。

2.3 超音波探傷試験に用いる道具

　超音波を媒体中に送受信する原理を図2.3に示している。超音波の送受信には，電気エネルギーと機械エネルギーを相互に変換する圧電材料が一般に用いられる。圧電材料から，特定の共振周波数(固有周波数)が得られるように切り出した圧電素子を振動子と呼んでいる。このときの共振周波数は圧電素子の厚みに依存し，圧電素子の厚みを厚くすると低い固有周波数となる。

　振動子の両面に銀メッキなどで電極を取付け，これにスパイク状の電圧を加えると，振動子の固有周波数で振動し，超音波を送信する。図2.4には，公称周波数1MHzの振動子(直径30mmのニオブ酸リチウム単結晶)の両面に電極

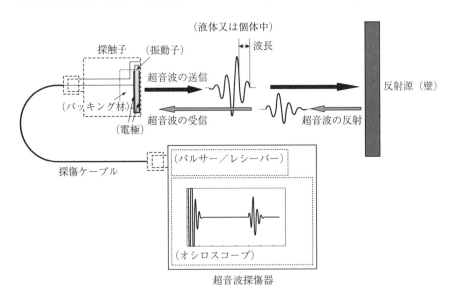

図2.3　超音波探傷試験による超音波の送受信の原理

としての金属箔を貼り付け，これに超音波探傷器よりパルスの高周波電圧を負荷して振動させ，容器の中の水を媒体として超音波を送受信させている様子を示している。

送信された1MHzの超音波は水中を伝搬し，容器の側面で反射して，振動子に戻る。振動子に容器側面からの反射波が入射すると，振動子によって超音波振動が電圧に変換される。すなわち，振動子に入射した超音波の音圧変化を電圧変化として測定することができる。

この超音波を送受信させる振動子を組み込んだセンサを探触子と呼び，探触子に高周波電圧を加えて超音波を発信し，さらに振動子で発生する電圧の変化を測定する装置を超音波探傷器と呼んでいる。すなわち，超音波探傷器は，高周波電圧のパルスを送受信させるパルサー／レシーバーと，振動子で発生した電圧変化を読み取るオシロスコープを組み合わせることで構成できる。

パルサーで発生させる高周波電圧としては，**図2.5** (a) に示すようなスパイ

図2.4　電極を取り付けた圧電素子からの超音波の送受信試験

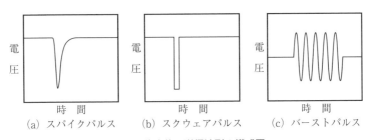

図2.5　代表的な送信波形の模式図

クパルスが古くより用いられている。スパイクパルスの特徴は，周波数スペクトラムが広い周波数範囲で一定であることから，探触子から送信される周波数は振動子の固有周波数に近い周波数になる。

これに対して，スクウェアパルスやバーストパルスも用いられるようになってきた。スクウェアパルスは，図2.5 (b) のように，矩形状パルスで，スパイクパルスとは異なり，周波数成分は一様でない。通常はパルス幅を振動子の固有周波数の波長の1/2に調整して探傷が行われる。スパイクパルスより送信エネルギーが大きく，かつ分解能も改善できるので，近年好んで用いられる傾向にある。

バーストパルスは，図2.5(c)のように，複数の波数を発生させるもので，周波数スペクトラムは狭い周波数範囲に集中する。バーストパルスの周波数を探触子の固有周波数に一致させると，高いエネルギーの送信波を発生できることが大きな特徴となっている。

また，超音波探傷器の表示部の波形は，図2.4では圧電素子の伸縮にともなう正負の電圧をもつRF信号として表示している。正の電圧のみ，負の電圧のみ，あるいは絶対値での電圧表示に切り替えることが通常可能である。

なお，図2.4の写真の超音波探傷器の表示部には複数のエコーが表示されている。ここでの超音波は振動子の両面側から同様に送信されており（片面の超音波を減衰させるバッキング材を取り付けていない），かつ容器側面で多重反射し，複数のエコーが存在する複雑な波形となっている。

通常の探触子では，圧電素子の裏面側にはバッキング材が取り付けられ，裏面側に送信される超音波を減衰させるとともに，波数を制御することでパルス幅が長くなるのを防ぐ働きをもたせている。

探触子は大きく分けて垂直探触子と斜角探触子がある。垂直探触子は，圧電素子の両側に電極を取り付け，電極の前面は，直接試験体表面をこすり付けるので，硬くて薄い保護板を取付けてケースに収納したもので，試験体表面を走査させて探傷面に垂直に縦波(圧縮波)を送受信させるものである。

一方，斜角探触子は一般にはアクリルなどの樹脂で作った傾斜のついたくさびの傾斜部に，電極の付いた圧電素子を取り付けて，斜めの方向に超音波を送受信させるものである。どのような方向にどのような波が送受信されるかについては，異材界面での屈折の理論の説明が必要であり，2.5節の「界面での屈

2.3 超音波探傷試験に用いる道具   43

折と斜角探触子の構造」で改めて触れたい。ここでは，くさびと試験体の界面でモード変換した横波(せん断波)が通常の斜角探傷に用いられことを紹介しておく。

この他にも探触子は多くの種類に分けられる。JIS Z 2350：2002「超音波探触子の性能測定方法」では，これらの多くの種類の探触子を記号で区分するように定めている (**表2.2**)。この中には，周波数帯域幅など例外条項として表示しなくてもよいものも含まれている。

この規定に従って探触子に記入された代表的な例について紹介する。2Z20N と表示された探触子は，最初の数字の2から，2MHz の周波数の探触子で，Z のジルコンチタン酸鉛系磁器を振動子に用いていることがわかる。また，次の 20 から振動子の大きさは ϕ20mm であり，最後の N から垂直探触子であることがわかる。

また，2C20 × 14A45 とあるのは，公称周波数2MHz で高さ 20mm で幅 14mm のジルコンチタン酸鉛系磁器以外の圧電磁気材料を振動子に用いた屈

表2.2　探触子の表示方法

表示の順序	内容	種類 記号
1	周波数帯域幅	広帯域の場合は B，狭帯域の場合は N を付ける。
2	周波数	公称周波数を MHz 単位で表す。
3	振動子材料	水晶：Q，ジルコンチタン酸鉛系磁器：Z，Z 以外の圧電磁器：C，ポリマー系：P，コンポジット：K，その他：E，材料を特定しないとき：M
4	振動子寸法	円形：直径（単位 mm）　　二振動子のものは，それぞれの振動子寸法とする角形：高さ×幅（単位 mm）
5	波のモード	縦波：L，横波：S，SH 波：H，表面波：R
6	形式	垂直：N，斜角：A，可変角：V，水浸：I，タイヤ：W，二振動子形：D を加える。
7	屈折角	低炭素鋼中への公称屈折角で表し，単位は，度とする。その他の材料用の場合は，その材料を表す記号などを付ける。
8	集束深さまたは交軸深さ	点集束形のものは PF，線集束形のものは LF，二振動子形のように交点をもつものは F を付け，その深さを mm 単位で表す。

44   第 2 章　超音波探傷試験の基礎

折角 45 度の横波斜角探触子であることがわかる。

　なお，表示順序の 1 番目にある周波数帯域幅について簡単に触れておく。ここでは広帯域の B と，狭帯域の N に区分して表示することと規定している。ただし，省略できる項目に含まれており，探触子には記載されないことも多い。

　広帯域探触子とは，1 波や 2 波程度のごく短い超音波パルスを発生させる探触子のことである。このような探触子のパルスの周波数特性は，固有周波数を中心として広い周波数帯域をもつので，広帯域探触子と呼ばれる。短いパルス幅によって分解能に優れることから，高分解能探触子とも呼ばれる。また，パルス幅が短いので，結晶粒界からの散乱波の干渉もより少なくなり，ノイズの低減にも寄与できる。

　一方，振動子を自由振動させたような場合には超音波パルス幅が長くなるが，周波数特性は固有周波数の周辺の狭い範囲に集中し，狭帯域探触子と呼ばれる。波数が多く超音波エネルギーが大きくなるので超音波を遠方まで送受信させるのに適する。

　なお，このパルス反射式超音波探傷法が開発されたのは，1942 年前後で，英国の D.O.Sproule と米国の F.Firestone がそれぞれ独自に開発したとされている。広く使われ始めたのは 1940 年代後半とされている。

　超音波探傷試験では，このほかに接触媒質と呼ばれる液体が用いられる。試験体に超音波を伝達させるために，接触媒質を試験体に塗布し，探触子と試験体の間に接触媒質を介して探傷が行われる。接触媒質の役割については，次節の「超音波の反射と透過」で触れることにする。

　また，斜角探触子の屈折角や入射点位置などの探触子特性の測定や時間軸および超音波探傷感度の調整に種々の標準試験片や対比試験片を用いる。これらに関しては，第 4 章の「超音波探傷試験の実践」で必要に応じて触れている。

2.4　超音波の透過と反射

　超音波探傷試験を理解いただくには，超音波の性質についてある程度理解していただく必要があろう。ここでは，異材界面における超音波の透過と反射について考えてみる。超音波は物質を透過する能力があり，物質内部のきずの検

査に用いられる。ではどのようなところで超音波は反射してくるのであろうか。超音波は異材界面に出会うと，界面で超音波の透過と反射が同時に起こるという性質がある。ここでの異材界面とは密度や音速が異なることを意味しており，材料中の音速 c と密度 ρ の積で表される音響インピーダンス Z の異なる界面をいう。

音響インピーダンス Z_I の材料 I と音響インピーダンス Z_{II} の材料 II の異材を拡散接合（部材間を加圧保持し，加熱して母材を溶融することなしに冶金的結合を得る接合方法）したような平滑な異材界面を考えてみよう（**図2.6**）。この界面に垂直に音圧 P_i の超音波が入射したとする。界面で反射する超音波の音圧を P_r，通過する音圧を P_t とすると，界面での音圧反射率 r_w および音圧通過率 t_w は次式で示される。

$$r_w = \frac{P_r}{P_i} = \frac{Z_{II} - Z_I}{Z_{II} + Z_I} \quad \cdots\cdots\cdots\cdots (2.4)$$

$$t_w = \frac{P_t}{P_i} = \frac{2Z_{II}}{Z_{II} + Z_I} \quad \cdots\cdots\cdots\cdots (2.5)$$

海中の小魚を餌に生活している蝙蝠（こうもり）がいると以前に本で読んだ記

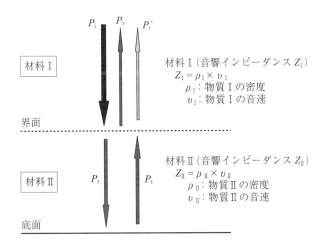

図2.6　異材界面における超音波の反射と通過

46 第2章 超音波探傷試験の基礎

憶がある。もし，蝙蝠が超音波を空気と海水の界面を行き来させて小魚を探っているとすると，どの程度の能力が必要かを考えてみよう。

蝙蝠が発した超音波は空気中を伝わり，やがて空気と水（海水であるが，水として考える）の界面に達する。ここで超音波の反射と通過が起こり，(2.4)式と (2.5) 式を用いて音圧反射率と音圧通過率を求めることができる。空気の密度は $0.0013 \times 10^3 \mathrm{kg/m^3}$，音速は $340 \mathrm{m/s}$ 程度であり，音響インピーダンスは $0.0004 \times 10^6 \mathrm{kg/m^3 s}$ である。一方，水の密度は $1.0 \times 10^3 \mathrm{kg/m^3}$，音速は $1,480 \mathrm{m/s}$ 程度であるので，音響インピーダンスは $1.48 \times 10^6 \mathrm{kg/m^3 s}$ である。(2.4)式より，音圧反射率 99.95% となる。

一方，(2.5)式より音圧通過率を求めると 199.95% が得られる。空気から水中に放出された超音波の音圧は倍に増大している。しかし，蝙蝠が小魚により反射した超音波を聞き取るには，小魚により反射した超音波が再び水から空気に通過する必要がある。界面を行き来して通過するときの通過率を音圧往復通過率 T_w といい，次式で示される。

$$T_\mathrm{W} = \frac{P_\mathrm{t}}{P_\mathrm{i}} \times \frac{P_\mathrm{t}'}{P_\mathrm{t}} = \frac{4 Z_\mathrm{I} Z_\mathrm{II}}{(Z_\mathrm{II} + Z_\mathrm{I})^2} = 1 - r_\mathrm{w}^2 \quad \cdots\cdots (2.6)$$

これより，空気と水の音圧往復通過率を求めると 0.11% が得られる。すなわ，蝙蝠が大気中で餌を得るのに対して，水中の餌を探るのに約 1,000 倍の大きな声を出す必要があることになる。さらに，魚の体の音響インピーダンス（密度と音速の積）は水と大きな差はないであろうから，魚の体からの反射率も大きくないであろうし，さらに空中や海中における超音波の減衰を考慮すると，とてつもない蝙蝠の超能力に驚愕していた。

最近，蝙蝠の生態を紹介するテレビ番組で，超音波を水中に出し入れするのではなく，小魚が作り出す海面の波紋を検知して小魚をとらえるのだと説明があった。水表面からの反射率はほぼ 100% であり，これなら納得できそうである。しかし，常に波立っている海面から，小魚が作り出す波紋だけをどのように抽出しているかは，依然謎として残る。

なお，空気から水中に放出された超音波の音圧が約 2 倍と大きくなることに疑問を持たれる方もおられよう。ここで計算している音圧に対してエネルギーで考えると理解できる。エネルギー反射率 R_E とエネルギー通過率 T_E は次式で

与えられる。

$$R_{\mathrm{E}} = \frac{P_{\mathrm{r}}^2/Z_{\mathrm{I}}}{P_{\mathrm{i}}^2/Z_{\mathrm{I}}} = \frac{(Z_{\mathrm{II}} - Z_{\mathrm{I}})^2}{(Z_{\mathrm{II}} + Z_{\mathrm{I}})^2} \quad \cdots\cdots\cdots\cdots\cdots (2.7)$$

$$T_{\mathrm{E}} = \frac{P_{\mathrm{t}}^2/Z_{\mathrm{II}}}{P_{\mathrm{i}}^2/Z_{\mathrm{I}}} = \frac{4 Z_{\mathrm{II}} Z_{\mathrm{I}}}{(Z_{\mathrm{II}} + Z_{\mathrm{I}})^2} \quad \cdots\cdots\cdots\cdots\cdots (2.8)$$

これよりエネルギー反射率は99.89%に，エネルギー通過率は0.11%となる。合せて100%となり，エネルギーは保存されている。

なお，前項の終わりに接触媒質について触れた。なぜ，超音波を試験体に送受信させるのに，試験体に液体である接触媒質を塗布する必要があるのかについて考えてみよう。

接触媒質を用いないで試験体に探触子をおくと，試験体と探触子の間に空気の層が生じる。超音波を空気の層を通して試験体に伝達させるには，海の中の子魚を捉える蝙蝠どころではなく，さらにとてつもないパワーの超音波が必要となる。

超音波探傷においては，液体を試験体表面に塗布して，空気を試験体と探触子の間から追い出して探傷が行われる。液体としては，グリセリン，油や水などが用いられ，これを接触媒質と呼んでいる。

もちろん，接触媒質の音響インピーダンスは試験体の音響インピーダンスにより近いほうが好ましいので，溶接部の探傷にはグリセリンが多く用いられる。また，グリセリンをベースに，粘性や試験体への濡れ性を改善したグリセリンペーストの接触媒質が市販され多く用いられている。

空気に比べれば改善されたとはいえ，やはり固体と液体では音響インピーダンスの差も大きく，接触媒質を通して超音波を送受信するときの損失を無視できない。この損失のことを伝達損失と呼んでいる。

もし，試験体の表面や探触子表面が理想的な平面であれば，液体の層も限りなく薄くなり，伝達損失を無視できよう。しかし，試験体表面には表面粗さが存在し，表面粗さに応じて接触媒質の層が存在することになる。2つの平滑面をもつ鋼（音速5,900m/s，密度：7.8 × 10^3kg/m^3）の間に，100%のグリセリン（音速：1,880m/s，密度：1.27 × 10^3kg/m^3）の接触媒質と空気（音速：340m/s，

密度：$0.0013 \times 10^3 \text{kg/m}^3$）の層が存在するとして，層の音圧通過率と層の厚みの関係を考える。

薄層に片側より超音波が垂直に入射すると，薄層内で多重反射し，**図2.7**に示すように多重の反射波と透過波を形成する。なお，多重反射の様子をわかりやすくするために，薄層に傾いて超音波が入射したように模式化して書いている。この薄層面に垂直入射したときの薄層界面における音圧通過率$|t|$（$=|P_t/P_i|$）は次式で示される。

$$|t| = \frac{1}{\sqrt{\cos^2 k_2 d + \frac{1}{4}\left[\frac{Z_1}{Z_2} + \frac{Z_2}{Z_1}\right]^2 \sin^2 k_2 d}}$$

$$k_2 = \frac{2\pi}{\lambda_2} \quad \cdots\cdots\cdots\cdots (2.9)$$

ここで　λ_2：薄層部の波長
　　　　Z_1：薄層を挟む材料（鋼）の音響インピーダンス（音速と密度の積）
　　　　Z_2：薄層部の音響インピーダンス

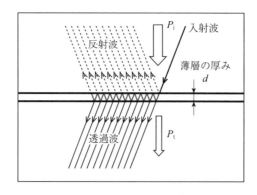

図2.7　薄層間の音圧通過の様子

計算結果を**図2.8**に示す。空気の場合には，薄層を通して超音波を透過させるには，数Å*のオーダーまで隙間を狭くする必要がある。試験体表面の凹凸を考えると，空気を介して超音波を試験体まで透過させるのは不可能である。

一方，接触媒質に濃度100%のグリセリンを用いる場合には，数μ**mのオーダーまで接近させれば，超音波は十分に透過できることがわかる。ただし，試験体表面の手入れは丁寧に行う必要がある。試験体表面がより粗くなると，平均してより厚い接触媒質の層が探触子と試験体の間に挟まれていることになり，伝達損失が大きくなる。超音波探傷において，探傷面の均一な手入れが重要であることがわかるとともに，探傷感度の設定には伝達損失量を考慮することが重要であることがわかる。

なお，鋼中に割れが存在すると，割れの内部が空気で満たされていても，10Å程度の平行な隙間があれば，音圧通過率は20%となり，割れの検出性にさほど極端な影響は生じないことがわかる。

なお，(2.9)式は，薄層の厚みdが半波長の整数倍であるときに音圧透過率が1になることも示しており，対数表示であるが，図2.8で周期的に高いピークが見られている（なお，ここでの超音波は単一波長の連続波としており，周波数帯域をもつパルス波を用いる実探傷の場合にはこれほど明瞭な周期性は見られない）。

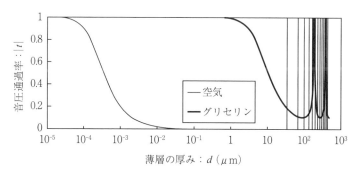

図2.8　鋼間中の薄層部に空気およびグリセリン(100%)が存在するときの音圧通過率に及ぼす薄層の厚みの影響

---

*　　Å（オングストローム）　　Å $\equiv 1 \times 10^{-10}$ m $= 0.1$ nm（ナノメートル）
**　　μ（ミクロン）　　$\mu \equiv 1 \times 10^{-6}$ m $= 1 \mu$m（マイクロメートル）

コラム 密着面の音圧通過

　接触媒質の説明の折に，鋼間の空気の隙間を音圧が通過するのは数Å～数十Å以下のオーダーであることを述べた。ところが，きずの面同士が密着することで音圧が通過し，きずを極端に過小評価することが指摘され議論された。また，金属接合していない焼ばめや冷しばめの閉まり具合を超音波の通過で評価することもある。多少なりとも凹凸のある機械加工面や，多少なりとも塑性変形をともなう割れ面で，ほとんどの面積が，数Åのオーダーで密着することを信じがたかったので試験したことを思い出した。

　試験は種々の表面粗さの異なる機械加工面を準備し，これらの面を互いに加圧して密着することで超音波が機械加工面を通過する様子を調べて行った。機械加工面を圧縮試験機でつぶしていくと，急激に面からの反射波が低下していき，同時に面の透過波が大きくなった。この現象は探傷周波数(超音波の波長)に著しく依存性のあることも確認できた。検討の結果，機械加工面の凸部が互いに接触し，凹部は扁平なボイドとして残存する結果となり，このボイドの間隔が波長の1/3以下になると急激に音圧が密着面を通過しだすとの結論に達した。図に，このときの結果を紹介する。

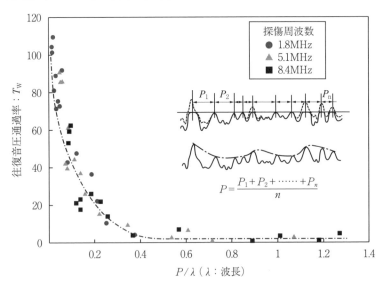

図　機械加工面を加圧したときの密着面の音圧通過の様子

この現象は，拡散接合部の超音波探傷試験でも確認できた。拡散接合で接合強度が不十分な場合には，内部に多くの微小なボイドが残存する。このボイドが波長の1/3以下になると，急激に拡散接合面からのエコー高さと，界面のせん断強度の相関がなくなった。より短い波長を用いるほど界面からのエコー高さとせん断強度によい相関が見られてくることも確認している。したがって，2つに面が数十Å以上の空隙で平行に存在すれば，面からの高いエコーが得られると考えている。

なお，密着面の音圧通過によってきずを過小に評価することの問題を改善するために，現在も探傷方法の改善に努力が払われている。例えば強い超音波をきずに当て，非線形の超音波を評価することで改善できることも確認されている。

参考文献
・T.Arakawa : A Study on the Transmission and Reflection of an Ultrasonic Beam at Machined Surfaces Pressed Against Each Other, Materials Evaluation, Vol.41, No.6, pp714-719
・瀬戸，荒川，谷岡，蜂須賀，三木：超音波探傷法による拡散接合部の非破壊検査，日本非破壊検査協会昭和56年度秋季大会講演概要，昭和56年9月，pp.694-695

2.5　界面での屈折と斜角探触子の構造

超音波は，異材界面で透過と反射が起こることを説明した。一方，異材界面に斜めに超音波が入射すると透過波は屈折する。光にも波の性質があり，水中に沈んだコインが，空気側より眺めると実際より浅い位置に見えるのも同じ現象である。水中での光の速度は約22.5万km/sで，空気中の光の速度の30万km/sよりかなり遅い。この様子を図2.9に示す。

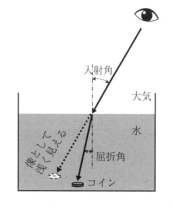

図2.9　水と大気の界面での光の屈折の様子

2点間を波が伝搬する場合，最短時間で波が到達するような経路をたどる（フェルマーの原理）。媒体が異方性もなく均一であれば，2点を結ぶ直線上を伝搬すれば最短時間になる。しかし，2点間に音速が異なる物質の界面が存在すると，2点間を結ぶ直線よりもより早く伝搬する経路が存在する。すなわち，2点間を結ぶ直線に対して，より音速の早い媒体ではより長い距離を，また音速のより遅い媒体ではより短い距離を伝搬した方が，全体の伝搬時間は短くなる。

図2.10に示すように，音速v_1の媒体Ⅰから，音速v_2の媒体Ⅱに超音波が入射角θ_iで斜め入射する場合を考える。屈折が起こる2つの媒体の界面位置をx軸にとり，x位置を通る時の伝搬時間の関数tを求め，これを微分して伝搬時間tが最小となる条件を求めると，次式が得られる。

$$\sin\theta_r / \sin\theta_i = v_2/v_1 \quad \cdots\cdots\cdots\cdots (2.10)$$

ここで，θ_i：入射角
θ_r：屈折角
v_1：入射側の媒質の音速
v_2：屈折側の媒質の音速

この(2.10)式の関係をスネルの法則と呼んでいる。

溶接部に発生する割れや，開先面に発生する融合不良などは，斜め方向に面を持つことも多い。これらのきずを検出するには，斜め方向に超音波を伝搬させ，きずの面により垂直に超音波を入射させることが望まれる。このために

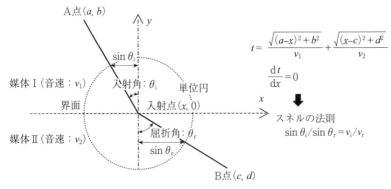

図2.10　スネルの法則の説明図

は，超音波を斜めに送受信できる斜角探触子が必要であり，斜角探触子の設計に(2.10)式のスネルの法則が活用されている．

斜角探触子には一般に樹脂で作られたくさびが用いられ，くさびの傾きのある面に振動子を取付けて，試験体に斜めに超音波を入射させる．この様子を図2.11に示している．くさびの材質には，アクリル樹脂が用いられることが多い．くさびの樹脂材から試験体に入射した超音波の伝搬方向は(2.10)式のスネルの法則より求められる．

先に述べた光がより速い光速の空気中からより遅い水中に入射する場合，入射角に対して屈折角は小さくなる．逆により遅いアクリルなどのくさびから，より速い試験体に超音波が進む場合には，入射角に対して屈折角はより大きくなる．

ここで，固体中には，縦波や横波などの異なるモードの波が存在し，同じ固体中でも異なる音速をもつことを2.1節の波長の説明の折に触れた．超音波も異材界面で屈折するときや，界面で反射するときに，これらの異なるモードの波が発生する可能性がある．また，縦波の方が横波より音速が速いので，縦波の屈折角の方が横波の屈折角より大きくなる．

ここでくさびの傾斜角を変えて，くさびと試験体界面への入射角を0から少しずつ大きくしていくことを考えてみよう．当然試験体の屈折角も大きくなっ

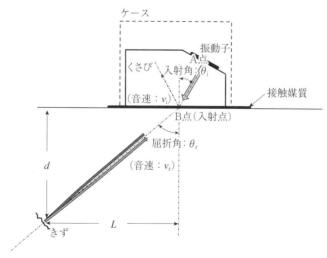

図2.11　斜角探触子の構造ときずの探傷

54 第2章 超音波探傷試験の基礎

ていく。あるところで，屈折角が90度となろう。このときの入射角を臨界角といい，入射角をこれ以上に大きくすると，試験体中に超音波は入射されないで，界面で全反射がおこる。

また，試験体中には縦波と横波が存在するので，0を超えて入射角を大きくしていくと，まず音速のより速い縦波の臨界角に至る。すなわち，この縦波臨界角までは，試験体中には縦波も横波もスネルの法則に従った屈折角で発生することになる。

しかし，入射角が縦波臨界角を超えると，試験体中には縦波は発生しないで横波だけが発生することになる。さらに入射角を大きくしていくと，やがて横波の臨界角に至る。入射角が横波臨界角を超えると，試験体中には超音波は発生しなくなり，界面で全反射する。

では，この縦波臨界角と横波臨界角はどの程度の値になるのかを考えてみよう。くさびに音速2,720 m/s（縦波）のアクリルを用い，縦波音速5,900 m/sで横波音速3,230 m/sの鋼製試験体の場合を考える。縦波臨界角は，(2.10) 式でθ_rを90度として求めればよいので，$\sin^{-1}(2720/5900) \fallingdotseq 27.5$度となる。一方，横波臨界角は，$\sin^{-1}(2720/3230) \fallingdotseq 57.4$度となる。

したがって，アクリル樹脂の入射角θ_iが0度を越え，27.5度未満の間は，鋼中には縦波も横波も発生していることになり，入射角θ_iが27.5度を越え，57.4度未満の間は横波のみが鋼中に発生することになる。また，57.4度を越えると，鋼中に超音波は伝搬しなくなる。また，縦波臨界角における横波の屈折角は，(2.8) 式から$\sin^{-1}(3230/5900) \fallingdotseq 33.2$度となるので，横波屈折角33.2度から90度の範囲において，縦波は存在しないことになる。

斜角探触子の使いやすさから考えてみよう。もし，縦波と横波がともに発生する斜角探触子を用いたとしたら，きずの指示が得られたときに，指示が縦波によって生じたか横波によって生じたかを判断しなければならない。もし，判断を誤るととんでもない位置にきずが存在することになる。横波しか発生しない斜角探触子の方がはるかに扱いやすい。このために，オーステナイト系ステンレス鋼溶接部やインコネル溶接部などの探傷のように，特別の理由がない限り，横波のみが発生する横波斜角探触子が用いられ，屈折角45度，60度や70度のものが広く使われている。

また，同じ斜角探触子であっても，試験体の音速が異なると屈折角も当然変

化することも理解いただけるであろう。JIS Z 2350：2002「超音波探触子の性能測定方法」にも，横波斜角探触子の屈折角は低炭素鋼中の公称屈折角と定義されており，低炭素鋼以外の材料で屈折角を定義する場合は，その材料を表す記号をつけることが規定されている。

> **コラム** オーステナイト系溶接部の超音波探傷
>
> オーステナイト系ステンレス鋼やインコネル溶接部では，結晶が一方向に成長することで，著しい柱状晶組織が発達する。すなわち，異方性が生じ，柱状晶に対する超音波の進行方向によって音速が異なる。音速の異なる界面で超音波が屈折することを紹介したが，音速の異方性をもつ材料中では，超音波は直進できなくなり，湾曲して探傷が困難になる。
>
> オーステナイト系ステンレス鋼の溶接部の場合に，結晶粒の成長方向に対する向きで，どの程度音速が変化するかを変化率で表した結果を図に示している。縦波，横波の波の種類によって変化の度合いが大きく異なっている。
>
> ここで，横波では，SV波とSH波の二種類の波が表示されているが，これの違いについて説明しよう。斜角探触子では，くさびに縦波振動子を張り付けて，
>
>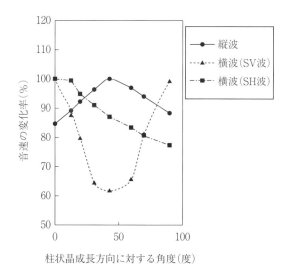
>
> 図　オーステナイト系ステンレス鋼の溶接部における音速の柱状晶の向きに対する変化率の縦波，横波（SV波）と横波（SH波）の比較

56　第2章　超音波探傷試験の基礎

くさび中を縦波が伝搬することを説明した。もし，横波振動子を用いたらどのようなことが起こるだろうか。

くさび内を伝搬した横波は，液体の接触媒質を透過して試験体に入射しようとする。しかし，液体の接触媒質にはせん断力はなく，横波を伝搬させることはできない。このために，通常広く用いられている横波斜角探触子では，くさびに縦波振動子を取り付け，くさび内は縦波が伝搬し，試験体との界面でモード変換して発生した横波を探傷に用いている。このときの横波の振動方向（せん断方向）は板厚方向になる。この板厚方向に振動する横波をSV波といっている。

通常の横波（SV波）斜角探触子と，縦波を用いる縦波斜角探触子での探傷を比較して考えると，図から縦波の方が結晶方位による音速変化率が横波SV波の半分程度と小さく，より精度の良い探傷が期待できる。このように，オーステナイト系溶接部のように音速異方性のある材料での探傷には，同時に横波も発生するという煩わしさはあるものの，積極的に縦波を用いるために，縦波斜角探触子が用いられる。

なお，図から横波SH波も縦波と同じように柱状晶の成長方向に対する音速の変化率が小さい。横波SH波とは，振動方向（せん断方向）が試験片表面に平行である横波のことをいっている。このようなSH波の横波斜角探触子はどのように作られるのであろうか。

くさびには横波振動子を取り付けて，くさび内に横波を伝搬させる。このときに振動方向が試験体表面に水平になるように振動子の向きを調整して取り付ける。ただしこの場合には，探触子を走査しやすい通常の接触媒質では試験体に超音波を伝達できない。したがって，探触子の走査性はかなり犠牲になるが，蜂蜜のような横波用の粘性の高い接触媒質が用いられる。

一方，垂直探触子では縦波振動子が用いられ，縦波だけが試験体の垂直方向に伝搬する。しかし，この場合も横波垂直探触子が用いられることもある。この場合も横波振動子が用いられ，粘性の高い横波用接触媒質が用いられる。例えばTMCP鋼などの異方性を評価する場合に，振動方向が直交する方向の音速比を測定する場合などに用いられる。

参考文献
・H.Yoneyama, S.Shibata, M.Kishigami：Testing of Austenitic Stainless Steel Welds, inth World Conference on Nondestructive Testing. Paper 3B-11（1979）

2.6 平面への斜め入射時の反射率

超音波が平面で反射する場合も,縦波と横波が同時に発生する可能性がある。この場合も(2.10)式のスネルの法則が重要である。この平面とは試験片の底面であれ,側面であれ,あるいは試験体内部きずの平面であってもよい。

図2.12に示すように,縦波が平面に入射する場合を考えてみよう。平面への縦波の入射角を θ_{IL} とすると,縦波反射角 θ_{RL} は鏡面反射によって入射角 θ_{IL} と等しくなる。この時に横波も発生するかを考えてみよう。(2.10)式のスネルの法則より,鋼の場合の横波の反射角 θ_{RS} は次式で求められる。

$$\theta_{RS} = \sin^{-1}\{\sin\theta_{IL} \times (3230/5900)\} \cdots\cdots\cdots (2.11)$$

ここで3230は鋼中の横波音速(m/s)であり,5900は鋼中の縦波音速(m/s)である。また,(2.11)式は,0度から90度までのすべての縦波入射角 θ_{IL} に対して横波反射角 θ_{RS} が求められる。このことは,縦波が平面に斜め入射すると,縦波が反射するとともに,縦波反射角よりも小さな反射角で横波も必ず発生することを意味している。

縦波が平面で反射することで,横波も発生することは,縦波の音圧反射率が100%より低くなることを意味する。縦波音圧反射率がどの程度になるかを図2.13に示している。縦波入射角が68度付近で音圧反射率が約12%と最も低下しており,このときに,強い横波が発生することがわかる。

一方,横波が平面に入射する場合を考えて見よう。入射角 θ_{IS} の横波がモー

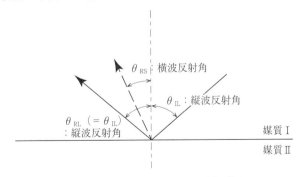

図2.12 平面への縦波の斜め入射の様子

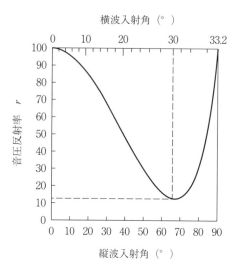

図2.13 斜め入射時の音圧反射率

ド変換して縦波が発生するときの縦波反射角 θ_{RL} は次式となる。

$$\theta_{RL} = \sin^{-1}\{\sin\theta_{IS} \times (5900/3230)\} \quad \cdots\cdots\cdots\cdots (2.12)$$

縦波が平面に入射する場合と異なり，横波が平面に入射する場合の(2.12)式は，横波の平面への入射角が0度から33.2度の間でしか成り立たない。

横波の音圧反射率も図2.13から求めることができる。なお，縦波入射角のスケールは図の下の横軸に示してあるのに対して，横波入射角の場合は上の横軸に示してあり，0度から33.2度まで目盛がつけられている。

溶接部の探傷には，屈折角45度，60度および70度の横波斜角探触子を用いることが多い。これらの横波が平行な板の裏面に入射する場合は，裏面への入射角はいずれも33.2度を超えており，モード変換は起こらず，音圧反射率は100%である。

しかし，直方体の側面に超音波が入射する場合，側面への入射角は，屈折角45度，60度および70度の斜角探触子で，それぞれ45度，30度および20度となる。すなわち，側面において屈折角45度の横波斜角探触子では，モード変換は起こらずに音圧反射率100%であるが，屈折角60および70度の横波斜角探触子では，側面で縦波も発生し，反射率がそれぞれ約13%および50%に

低下することになる。

　このことは，特に裏面に開口したノッチ状のきずなどを探傷するときに注意が必要である。このようなきずの探傷は，裏面ときず部の側面で2回反射するコーナー反射によって行われる。屈折角60度の横波斜角探触子の場合の様子を模式的に図2.14に示している。きずの側面には30度の入射角で横波が入射し，この時に強い縦波が発生して横波の音圧反射率が約13%にまで低下し，大きな反射損失が起こる。

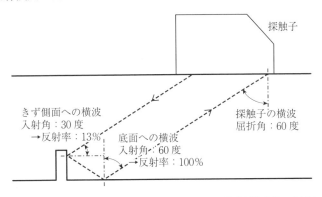

図2.14　コーナー反射の説明図（屈折角60度の横波斜角探傷の場合）

コラム　ラウンド・トリップ・タンデム探傷

　超音波探傷は探触子の種類も多いが探傷方法の種類も多く，わかりづらい1つの要因でもある。かなり前のことだが，ラウンド・トリップ・タンデム探傷ってどんな探傷方法ですかと聞かれて，すぐに答えられなかった記憶がある。この探傷方法は，この項で紹介したモード変換を巧みに利用した探傷方法である。

　狭開先継手の開先面の融合不良やルート面が十分に溶込まなかった溶込み不良などは，探傷面にほぼ垂直な平面をもつきずになることがある。このようなきずに斜角探傷で斜めに超音波が入射すると，超音波は面で反射して裏面に向かい探触子には戻りにくくなる。このようなきずを効率よく探傷する方法として，送信用と受信用の2つの探触子を用いるタンデム探傷法が知られている。

　タンデム探傷法とは，図Aに示すように，片方の送信用斜角探触子できず部に超音波を入射させ，平面で鏡面反射した超音波が裏面で再び反射して表面に

至る位置に受信用斜角探触子を配置して強い超音波ビームを受信する方法である。2つの探触子を二本の手で扱うので，探傷器のつまみを調整したり，メモを取るのに他人の手を借りる必要が生じる。

ラウンド・トリップ・タンデム探傷とは，1つの縦波斜角探触子を片手で操ることで，タンデム探傷に近いきずの検出性を確保するための探傷方法である。図Bに示すように，縦波斜角探触子より送信された縦波はきずの平面で反射して裏面にいたり，裏面で再び反射する。この折に，縦波反射角より小さな反射角で横波も発生し，この横波を送信に用いた縦波斜角探触子で受信する方法である。

タンデム探傷の場合は，探触子の間隔を変えることで交軸点(2つの探触子から超音波を送信したと仮定したときの超音波ビームの中心軸が交わる点)の深さを変えることができるが，このラウンド・トリップ・タンデム探傷では交軸点の深さが特定され，きずを検出できる深さ方向が限定される。しかし，例えば溶込み不良などのきずの発生しやすいX開先の突合せ溶接のルート部の位置を探傷位置とすることで，ラウンド・トリップ・タンデム探傷を有効に活用できる。

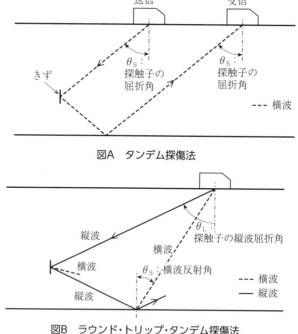

図A　タンデム探傷法

図B　ラウンド・トリップ・タンデム探傷法

2.7 超音波探傷で知りたい情報

　超音波探傷試験でどのような情報が得られるかを整理してみよう。超音波探傷器でエコーを観察している画面は，オシロスコープの画面である。ただし，オシロスコープであれば横軸の時間軸を μs として，縦軸を mV として測定値を読み取ることができる。しかし，超音波探傷器は絶対値として時間や電圧を読み取る機能はなく，相対値のみを計測するようになっている。

　横軸を超音波の伝搬距離に調整しておけば，音源位置（きずなどによる超音波の反射源位置）までの伝搬距離を数値として読み取ることができそうである。ただし，最初に現れるエコー（送信パルス）の時間軸上の位置は，超音波が試験体に入射した位置ではないことに注意が必要である。

　最初の送信パルスは，振動子に高周波電圧が印加した時点で生じるもので，探触子内部の振動子の位置を意味する。特に斜角探傷では，くさび上に振動子が取り付けられているので，試験体に入射する位置は，送信パルス位置からくさび内を超音波が往復する時間を経た時間軸上の位置ということになる。

　具体的な時間軸の調整方法は第3章の「超音波探傷試験の実践」で述べるが，あらかじめ，試験体へ超音波が入射した時点を時間軸の原点になるように時間軸を調整しておくことで，試験体への超音波が入射した位置（入射点という）から音源までの距離がわかり，超音波の試験体への入射方向（屈折角）から幾何学的に音源位置を求めることができる。

　では，縦軸からはどのような情報がえられるのであろうか。縦軸のエコー高さに関しての単位は％または dB の相対的な値で求められる。あらゆる計測の中で，このように相対的な比率しか計測しないのは稀かもしれない。

　通常の計測器であれば，取扱説明書を読むかあるいは指導を受けることで，測定する物理量を測ることができる。しかし，超音波探傷試験では単に超音波探傷器の取り扱いを学んだだけでは測定はできない。このことは，超音波探傷試験を学ぶときの最も難解な部分の1つであろう。

　音の仲間である騒音の場合について考えて見よう。騒音の単位はデシベルであり，超音波探傷試験の dB と同じで対数比率である。しかし，騒音には国際的に定められた基準値があるという。平均的な人が聞こえる最小の音圧を基準

にしているらしい。また，周波数で人の感じ方が異なるので，周波数による補正もなされるようである。

それでは，超音波探傷試験でも国際的に定められた基準があるのだろうか。答えは「No」であり，日本国内においても統一された基準値はない。どこで決められているかといえば，使用する規格の中で規定されている。また規格によっては複数の基準値が定められており，使用者が選択することもある。従って，得られたdB値は，適用した規格で，かつ選択した基準値においてのみ通用する値である。

騒音の場合についてもう少し考えて見よう。騒音は，生活者が感じるうるささの指標として計られる事が多い。すなわち，音源位置が遠かろうが近かろうが，居住区における騒音が問題となる。仮に，居住区で計測した騒音から，騒音の発生位置における騒音レベルを求めようとすると厄介だろう。音源位置を特定し，音源位置から測定位置までに減衰する量を予測する必要があろう。また，風や雨などの気象条件などにも影響を受けるはずである。

超音波探傷試験では，騒音の測定と異なり，探触子が受けた音圧を測定しても意味がない。なぜなら超音波も試験体を伝搬するときに減衰するので，同じ形状のきずであっても遠くのきずからのエコーは小さく，近くのきずからのエコーは大きくなるからである。すなわち，探触子が受けた音圧だけできずの性状を判断するには無理がある。

超音波探傷試験でエコー高さから期待するのは，同じ形状・寸法のきずからのエコー高さは，どの位置にきずがあっても同一レベルの相対エコー高さが得られ，きずの形状・寸法と相対エコー高さに何らかの相関が得られることであろう。

この目的では，きずと同じ位置に明確な形状の反射源（対比きず）を置いた試験片（対比試験片という）で，同じ探傷を行い，このときの対比きずのエコー高さと比較すればよい。もちろん，対比試験片は，試験体と同等の減衰係数をもつ材料で作られ，対比試験片の表面状態も試験体と同等であること（あるいは補正ができること）が前提である。

もし，用いる対比きずが，超音波ビームが垂直に入射する無限平面であったらどうだろうか。この場合，超音波は平面で全反射して探触子にエコーが戻る。この時のエコー高さを，探傷で得られる最大のエコー高さと考えることが

できよう（超音波は波の干渉であるので，1を超えるエコー高さが得られても不思議はないのだが）。なお，このように定義した相対エコー高さをきずの反射率と呼んでいる。

　もし，平面をもつきずに超音波が垂直入射したとすると，きずが超音波ビームの広がりより小さい場合の相対エコー高さはきずの面積にほぼ比例し，きずの大きさがビームの広がりより大きくなれば相対エコー高さは1となるのでわかりやすい。

　しかし，この無限平面を対比きずとする超音波探傷試験が溶接部で行われることはほとんどない。なぜならば，きずの発生が予測される複数の位置に超音波が垂直に入射する無限平面に相当する面（超音波ビームの太さに比べて十分に大きな平面）をもつ対比試験片を作るには，相当大きなものを多く作る必要があり，現実的ではない。さらに，斜角探触子では，屈折角45度，60度や70度のものが一般に用いられが，もし，超音波が垂直に入射する傾斜面をもつ対比試験片を作成するには，使用する斜角探触子の屈折角ごとに準備しなくてはならない。

　さらに，屈折角の変化は，公称屈折角に対して±2度程度までの違いがJIS Z 3060「鋼溶接部の超音波探傷試験方法」でも認められている。探触子を使用している過程でのくさび表面（探触子を試験体に接触させる面）の摩耗や試験体の音速の違いなどからも屈折角の変化は生じよう。一方，大きな平面への超音波の入射角が1度，2度と異なると，かなりのエコー高さの違いが生じる。このことは探傷の基準値としては極めて不安定であって，適していないことを意味する。

　このために，一般には探傷面に平行に加工したドリル穴を対比きずとする場合が多い。探傷するときの断面は円であるので，斜角探触子の屈折角が変化しても，安定した測定が可能であり広く用いられている。

　具体的な測定方法は，第3章の「超音波探傷試験の実践」で述べるが，深さ方向に異なる複数の同一形状の横穴を設けた対比試験片が一般に用いられる。もちろん，対比きずの作成した同じ深さ位置にきずが存在するとは限らないので，対比きずを作成した深さと異なる位置のエコーの基準は，きず深さに近い異なる深さの対比きずのエコー高さを補完して求められる。

　このほか，平底穴などを対比きずとすることもある。またこれらの対比きず

64 第2章 超音波探傷試験の基礎

も規格によってサイズが異なり，超音波探傷試験の基準値はそれぞれ用いる規格によって定められ，基準値は統一されていないのが現状である。

　一方，鋼板の垂直探傷の場合には，超音波が垂直入射する無限平面が鋼板の底面に存在する。これを基準値とした鋼板の探傷方法も広く用いられている。この測定方法によれば，底面近くにきずのある場合は，きずの反射率に近い値を得るが，表面側にあるきずに対しては，底面との減衰の違いの分だけきずを過大に評価することになる。ただし，安全サイドの評価となるために，対比試験片を準備するわずらわしさを避けて，広く用いられている。

2.8　きずの反射率および形状反射能率

　ここで，きずの反射率と形状反射能率について説明しておこう。きずの反射率とは，無限平面に超音波ビームが垂直入射したときのエコー高さを1としたときの，きずの相対エコー高さであることは前節でも説明した。きずの形状を球，円柱や平面(超音波が垂直入射する面)と仮定した場合の，きずの反射率の近似式がすでに提案されており，**表2.3** に示す。

　もし，超音波ビームが垂直入射する無限平面を対比きずに用いることができれば，測定した相対エコー高さから，表2.3 に示すきずの反射率の式を用いて，想定したきず形状におけるきずの寸法を求めることができる。しかし，横穴などを対比きずに用いることが多いので，測定した相対エコー高さからきずの寸法を推定するには，対比きずの反射率と想定した形状のきずの反射率との比を用いて求める必要がある。

　また，このきずの反射率を用いて，異なる対比きずを用いた探傷間の探傷感度の差異を予測することもできる。

　きずの反射率と似た表現に形状反射能率がある。きずの反射率は，きずと同じ位置に超音波が垂直に入射する無限平面を想定してこれの反射波の音圧を1としているのに対し，形状反射能率ではきずの位置における超音波の音圧を1としている。形状反射能率の近似式を**表2.4** に示している。

　すなわち，きずの反射率と形状反射能率は言葉では大きな違いがあるが，基準とするエコーレベルを，無限平面で反射した超音波の音圧とするか（きずの

2.8 きずの反射率および形状反射能率　65

反射率の場合），きずの位置における超音波の音圧とするか（形状反射能率の場合）の違いである。

　一方，後の節で詳細に検討するが，振動子の遠方の遠距離音場においては，音圧は距離に反比例するので，単にきずの反射率の基準値が形状反射能率の基準値の半分になっていることになる（無限平面で超音波は鏡面反射するので，反射した超音波の音圧は，無限平面までの距離の2倍の距離における音圧と等しくなる）。

　したがって，形状反射能率の式で計算した値を2倍すると，きずの反射率で求めた値とほぼ一致する。たとえば，円形平面きずの最も大きなクラスのきずの反射率は1（適用条件で最も円形平面きずの大きなランク）であるのに，形状

表2.3　きずの反射率

	きずの形状	適用条件	きずの反射率 γ
円形平面		$2r \geqq 0.7\lambda$	$2\sin\left(\dfrac{\pi r^2}{\lambda x}\right)(\text{rad})$
		$0.8\sqrt{\lambda x} \geqq 2r \geqq 0.7\lambda$	$2\pi r^2/(\lambda x)$
		$2r \geqq 0.8\sqrt{\lambda x}$	1
方形平面		$0.8\sqrt{\lambda x} \geqq 2a \geqq 0.7\lambda, 2b \geqq 3\sqrt{\lambda x}$	$2a\sqrt{2/(\lambda x)}$
		$0.8\sqrt{\lambda x} \geqq 2a \geqq 0.7\lambda, 0.8\sqrt{\lambda x} \geqq 2b \geqq 0.7\lambda$	$8ab/(\lambda x)$
		$2a \geqq 3\sqrt{\lambda x}, 2b \geqq 3\sqrt{\lambda x}$	1
球		$r \geqq 0.1\lambda$	r/x
		$0.1\lambda > r$	$66r^3/(\lambda^3 x)$
円柱		長い円柱 $2r \geqq 0.2\lambda, 2b \geqq 3\sqrt{\lambda x}$	$\sqrt{r/(r+x)}$
		短い円柱 $2r \geqq 0.2\lambda, 0.8\sqrt{\lambda x} \geqq 2b \geqq 0.7\lambda$	$2b\sqrt{2r/((r+x)\lambda x)}$
曲面		$2a \geqq 3\sqrt{\dfrac{\lambda\rho_1 x}{\rho_1+x}}, 2b \geqq 3\sqrt{\dfrac{\lambda\rho_2 x}{\rho_2+x}}$	$\sqrt{\dfrac{\rho_1\rho_2}{(\rho_1+x)(\rho_2+x)}}$

λ：波長　x：距離

表2.4　各種モデルきずの形状反射能率

きずの種類	きずの断面形状	$\dfrac{\lambda}{2} \leq t \leq t_{cr}$	$t \geq t_{cr}$	限界寸法 t_{cr}
円形平面きず （直径：t_D）		$\dfrac{\pi t_D^2}{4\lambda x}$	$\dfrac{1}{2}$	$t_{D-cr}=\sqrt{\dfrac{2\lambda x}{\pi}}$
帯形平面きず （幅：t_B, 長さ：∞）		$\sqrt{\dfrac{t_B^2}{\lambda x}}\sqrt{\dfrac{1}{2}}$	$\dfrac{1}{2}$	$t_{B-cr}=\sqrt{\dfrac{\lambda x}{2}}$
直線溝 （深さ：t_N, 長さ：∞）		$\sqrt{\dfrac{4t_N^2}{\lambda x}}\sqrt{\dfrac{1}{2}}\cdot\sin\theta$	$\dfrac{1}{2}$	$t_{N-cr}=\sqrt{\dfrac{\lambda x}{8}}\cdot\dfrac{1}{\sin\theta}$
横穴 （直径：t_H, 長さ：t_L）		$\sqrt{\dfrac{t_H}{4x}}\sqrt{\dfrac{\pi t_L^2}{4\lambda x}}$	$\sqrt{\dfrac{t_H}{4x}}\sqrt{\dfrac{1}{2}}$	$t_{L-cr}=\sqrt{\dfrac{2\lambda x}{\pi}}$
縦穴 （直径：t_V, 深さ：t_V）		$\sqrt{\dfrac{t_V}{4x}}\sqrt{\dfrac{\pi t_V^2}{\lambda x}\sqrt{\sin\theta}}$	$\sqrt{\dfrac{t_V}{4x}}\sqrt{\dfrac{1}{2}}\sqrt{\dfrac{1}{\sin\theta}}$	$t_{V-cr}=\sqrt{\dfrac{\lambda x}{2\pi}\cdot\dfrac{1}{\sin\theta}}$
球形きず （直径：t_S）		$\dfrac{t_S}{4x}$	$\dfrac{t_S}{4x}$	—

（λ：波長, x：距離）

反射能率では1/2(円形平面きずの直径が限界寸法を超える範囲)となっている。

　形状反射能率では，裏面側の直線溝(スリット)や裏面からの縦穴も考慮しており，実践的である。しかし，これらのきずのエコーはコーナー反射によるために，2.6 節の「平面への斜め入射時の反射率」で述べたように，屈折角60度や70度の横波斜角探触子では，きずの側面での反射時にモード変換による縦波も発生して，横波反射率がそれぞれ約13％および約50％に低下する。これらの損失を界面反射能率と呼び，形状反射能率と掛け合わせて考えることにしている。

　なお，表の右列に限界寸法があり，これを簡単に説明しておこう。前に，超音波ビームの広がりの中に，超音波が垂直入射する小さな平滑面がある場合のエコー高さは平滑面の面積に比例し，超音波ビームの広がり以上になると一定のエコー高さになることを述べたが，この一定のエコー高さになるときのきずの寸法を限界寸法と呼んでいる。

表2.4の円形平面きずの欄を見てほしい。円形平面きずの直径が半波長を超えて、この限界寸法 t_{cr} 以下の場合は、形状反射能率は円形平面きずの面積に比例している。一方、この限界寸法 t_{cr} 以上では、形状反射能率は1/2と一定になっている。また、このときに限界寸法 t_{cr} 以下の場合の形状反射能率の式の値が1/2になるときのきずの直径が、限界寸法 t_{cr} になっていることを確認していただきたい。

なお、きずの直径が半波長以下となると、超音波ビームがきずで散乱するので、ここでの式の適用範囲外であることを意味している。また、帯形平面きずや直線溝の長い形状の場合は、きずの長さ方向は超音波ビームの広がりよりも長いとして形状反射能率を求めているので、限界寸法は表に示すような断面における寸法として定義されている。

各形状のモデルきずが、深さ60mmの位置にある場合に、φ4mmの円柱横穴を対比きずとして、5MHzで屈折角45度および60度の横波斜角探触子（いずれも振動子寸法は10×10mm）で探傷した時のきずのサイズと相対エコー高さの関係を求めて**図2.15**に示している。屈折角45度の横波斜角探傷の結果を(a)図に、屈折角60度の場合を(b)図に示している。

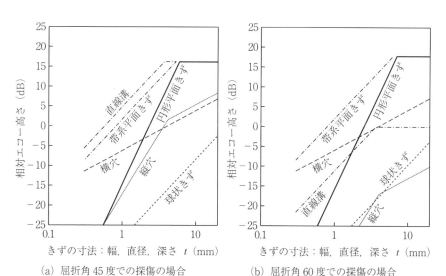

(a) 屈折角45度での探傷の場合
（きずの深さ＝60mm、距離 x ＝84.9mm）

(b) 屈折角60度での探傷の場合
（きずの深さ＝60mm、距離 x ＝120mm）

図2.15　各種モデルきずの検出性の検討例（対比きず：φ4mm横穴）

68　第2章　超音波探傷試験の基礎

　したがって，図では φ4mm の横穴の位置が，縦軸の相対エコー高さが 0dB
を示し，基準値としていることがわかる。探傷で用いる対比きずの形状や寸法
が違ってくれば，当然ここでの縦軸の目盛は相対的に変化することになる。

　屈折角 45 度の場合と 60 度の場合を比較すると，縦穴や溝状きずのコーナー
反射が生じる場合に，屈折角 60 度の探傷でのエコー高さがモード変換による
反射率の低下で小さくなる。また，球状のきずのエコー高さは小さく，検出し
にくくなるのがわかる。

2.9　平板振動子の作り出す音場

　蝙蝠が，餌を探して飛んでいるときと，餌を見つけて追尾するときの超音波
の使い方は違うという。餌を探しているときは，周波数のより低い波長の長い
超音波をゆったりと出して飛んでいるという。より波長の長い超音波はより広
い範囲を伝わり，飛行中の障害物や虫などの標的を探すのに適している。

　ひとたび標的が見つかると，超音波の振動数を上げて，より短い波長で，か
つ繰り返すパルスの間隔も短くして標的を追いかける。波長を短くすること
で，超音波の広がりを狭くして標的に超音波を集中できる。また，短い波長は
より距離分解能を高めるであろうし，ドップラー効果も利用して標的のスピー
ドを把握しているそうである。波長の長さで，作り出される音場に特徴が出て
きそうである。

　我々の会話においても同じようなことを経験する。より高い声（より短い波
長）の人の方がより遠くからも聞き取れる。しかし，一般に我々の会話は，あ
たりに何十人いようが，ほぼ同じように聞き取れる。どの程度の波長の声を
使っているかといえば，ピアノなどの調律に使う「ら」の音が 440Hz らしいか
ら，80cm 前後の波長を出している。一方，声を出している口の大きさ（声帯
の大きさかもしれないが）は数 cm に過ぎないので，波長に比べると点にすぎ
ない。

　点音源から発せられる音は，池に石を投げ込んだ時の波紋のように，広く広
がり拡散していく。したがって周りを取り囲む多くの人に聞こえることにな
る。一方，池の中に2つの石を同時に投げ込んだことを想像してみてほしい。

2ヵ所から発生した円状の波紋は，お互いにぶつかり干渉して強め合う場所と半波長分到達時間がずれて波の消える部分が放射状に広がっていく。

池に投げ入れる2つの石の干渉についてもう少し考えてみよう。投げ入れる2つの石の間隔を変えて波の干渉の様子を比較した結果を**図2.16**に示している。(a)図は投げ込む石の間隔を波長の2倍にした場合であり，(b)図は5倍にした場合を示している。

2つの音源からの波は，太線と細線で区別している。また，音源から波長の整数倍にあたる距離は実線で，波長の整数倍から半波長にあたる距離は点線で表している。すなわち，同じ音源からの実線と点線とは，半波長の距離の差があることを示している。

いずれも2つの投げ入れた石の中心軸上にあたる一点鎖線 O-A 上では，2つの投げ込んだ位置から等距離にあたり，それぞれ波の山と山，谷と谷が一致して波は強め合っている。その両脇に示した線 B-B'，C-C' 上においては，実線と点線が交差しており，2つの石で生じた波の山と谷が一致し，波が消失することがわかる。また，更にその両脇に波を強めあう領域，弱めあう領域が交互に現れ，2つの石を池に投げ込んでできる波紋は放射状に波の強弱が変化する模様となる。

またこの時の放射状の模様の間隔（例えばB-B'とC-C'の線がなす角度）は，投げ入れた石の間隔が狭いほど広くなっている。振動子においても，振動

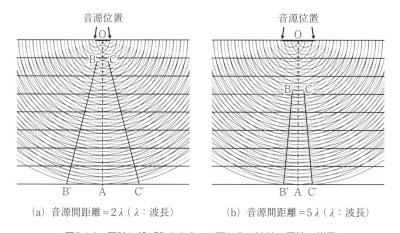

(a) 音源間距離 = 2λ（λ：波長）　　(b) 音源間距離 = 5λ（λ：波長）

図2.16　同時に投げ入れた2つの石からの波紋の干渉の様子

70   第2章　超音波探傷試験の基礎

子のサイズ(D)に対する波長(λ)の比(λ/D)が大きい方が，送信される超音波ビームの広がりが大きくなる。

　ここでは振動子の両端に当たる位置からの波の干渉だけを見てきたことになる。実際には，振動子上に無数の点音源が連なっていると考えられ，それらの波が互いに干渉して音場を形成していく。この結果，振動子の中心線付近において，主極と呼ばれる最も音圧の高い超音波ビームが形成される。主極の端は波が干渉してなくなる位置で定義される。音圧が最も高くなる振動子の中心線から，この波の完全になくなるまでの角度を指向角または第1零ふく射角という。その両脇には，副極と呼ばれる主極よりは弱い波のピークがそれぞれ発生する。

　より定量的に指向性を現すには，遠距離音場において次式の指向係数D_Cが用いられる（円形振動子の場合）。

$$D_C = \frac{2J_1(m)}{m} \quad \cdots\cdots\cdots\cdots\cdots\cdots (2.13)$$

$$m = \frac{2\pi a\sin\phi}{\lambda}$$

ここで，$J_1(m)$：ベッセル関数

　　　　a：振動子の半径

　　　　ϕ：振動子の中心線からの傾き角

すなわち，(2.13)式より振動子の中心軸から傾きが大きくなると，どのように音圧が変化していくかを求めることができる。もし，微少な球状きずを仮定して，このきずを超音波ビームの中心軸上で探傷する場合と比べて，中心軸から傾いた位置にあるときにどの程度の音圧変化になるかは，D_Cを2乗したD_C^2（送波の指向係数と受波の指向係数の積）から求めることができる。

　また，探触子の指向性を評価する場合，音圧が零になる指向角（第1零ふく射角）を求めようとすると，材料内部で発生するノイズなどに妨害されて正確な値を測定できない。一般には，小さな径の横穴を探傷し，これの最大音圧の1/2のエコー高さが得られるときの実行指向角ϕ_{-6}が測定される。

　この指向性（第1零ふく射角）や実行指向角は，波長と振動子寸法の比に比例

すると近似できる。例えば，円形振動子を用いた場合の実行指向角 ϕ_{-6} は次式で近似されるので，使用する探触子のビームの広がりを予測する1つの目安として便利である。方形振動子の場合の比例係数は25になる。

$$\phi_{-6} \simeq 29(\lambda/D) \quad (度) \quad \cdots\cdots\cdots (2.14)$$

構造物の検査で一般に用いられる2〜5MHzで振動子寸法10〜20mmの探触子では，ビーム幅は5〜10mmといったかなり太いものになる。このような，超音波ビームを用いて，最初に触れた500円硬貨のようなきずを探傷して画像化したとしても（図2.1），空間分解能が悪く極めてぼやけた画像にしかならないことは容易に想像できよう。

図2.17には，振動子寸法を波長の2倍（a図）および5倍（b図）としたときの，鋼中（音速：5,900 m/s）の音場（5MHz）を，Civaソフトを用いてシミュレーションした結果を示している。超音波ビームの音場の様子を理解することができる。なお，実際の探傷の振動子サイズとしては，波長の7〜16倍程度のものが用いられることが多い。

池に2つの石を同時に投げ入れたときの波の干渉について紹介したついでに，近距離音場と遠距離音場について紹介しておこう。改めて，図2.16を見ていただきたい。音源位置から遠方（図中にB–B'，C–C'の線を記した付近）での波模様はほぼ均一で安定している。これに対してより音源位置に近い側では，波模様は極めて複雑で，波が重なって強い部分と，波が消しあって弱い部分が交互に入り混じっている。

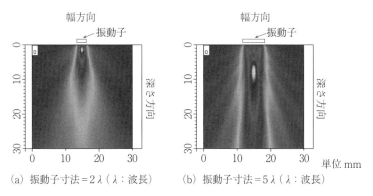

(a) 振動子寸法＝2λ（λ：波長）　　(b) 振動子寸法＝5λ（λ：波長）

図2.17　Civaソフトによる音場シミュレーション結果

72 第2章 超音波探傷試験の基礎

超音波探傷試験では，前者を遠距離音場と呼び，後者を近距離音場と呼んでいる。なお，同図より，近距離音場は2つの投げ入れた石の間隔が長いほうが，より長くなっている。この2つの音場の境界までの距離を近距離音場限界距離：x_0と呼んでいる。詳細は次節の円形振動子が作る音場で説明する。

2.10　超音波ビームの拡散と円盤からの反射

電球からの光は拡散するために，電球の近くで本を読むと明るく読みやすいが，遠くで読むと暗い。平板振動子から放出された超音波ビームも広がりをもって伝搬するので，減衰していく。これを拡散減衰と呼んでいる。

ここでは，円形振動子によって作り出される音場を学び，これより拡散減衰でどのように音圧が低下していくかを検討する。さらに，放出された音軸上に超音波が垂直入射する円盤状の平面きずがあるとして，これによって反射する音場を検討することで，先に述べたきずの反射率や形状反射能率に関連付けて考えてみたい。

直径 D，波長 λ の円形振動子が作り出す，振動子の中心軸上の距離 x の超音波の音圧 P_x は，送信音圧を P_0 として，次式で表される。ただし，x は振動子の半径に比べて遠い距離 $(x \gg D/2)$ とする。

$$P_x = 2P_0 \cdot \sin\left(\frac{\pi}{2n}\right) \quad \cdots\cdots\cdots\cdots\cdots (2.15)$$

$$n = \frac{x}{x_0} = \frac{4\lambda x}{D^2} \quad \cdots\cdots\cdots\cdots\cdots (2.16)$$

(2.15) 式は，$n = 1$ において，$\sin\theta$ の $\theta\ (= \pi/2n)$ は $\pi/2$ となり，P_x は最大値の $2P_0$ となることを示している。一方，n が1より大きくなると，θ は $\pi/2$ よりゼロに向かって小さくなっていき，P_x は連続的に減少する。また，n が1より小さくなると θ は大きくなり，式の適用範囲を無視すれば，P_x は最小値の $-2P_0$ と最大値の $2P_0$ の間を繰り返して無限に変化することになる。この様子を，波長 1.18 mm（縦波音速 5,900 mm/s の鋼中の 5 MHz の波長）で直径

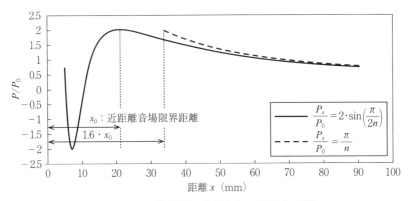

図2.18　円形振動子の中心軸上の音圧変化の例
（振動子：φ10mm, 波長：1.18mmの場合）

10mmの振動子の場合を例に，**図2.18**に示している。

ここで，n は基準化距離と呼ばれ，(2.16)式で見られるように，距離 x を x_0 で除した値である。距離 x が x_0 に等しい ($n = 1$) 位置を境に音場の様子が大きく異なることから，$x_0 (= D^2/(4\lambda))$ を近距離音場限界距離と呼んでいる。また，これより振動子側の音圧が交互に強弱を繰返す領域を近距離音場と呼び，これ以降の緩やかに音圧が減少していく領域を遠距離音場と呼んでいる。

なお，(2.15)式で，n が大きくなり，$\pi/(2n)$ が小さくなると，$\sin(\pi/2n) \fallingdotseq \pi/2n$ となり，(2.15)式は次式で表せる。超音波探傷試験では $x \geqq 1.6x_0$ でこの関係が成立するとしている。適用範囲での近似式の計算結果をも図2.18に示している。

$$P_x = P_0 \frac{\pi}{n} = P_0 \frac{\pi D^2}{4\lambda x} \qquad \cdots\cdots\cdots (2.17)$$

(2.17)式から，距離 x が近距離音場限界距離 x_0 の1.6倍以上においては，振動子の中心軸上における音圧は，距離 x に反比例することがわかる。

一方，距離 x の位置に無限平面が存在し，これに垂直に超音波が入射した時に，振動子が受ける音圧 P_∞ はどのように表されるであろうか。超音波は平面で完全に反射するので，振動子が受ける音圧は，距離 $2x$ の位置の中心軸上の音圧に等しくなる。したがって距離 x にある無限平面からの音圧は，次式で与えられる（$x \geqq 1.6x_0$）。

$$P_\infty = P_0 \frac{\pi D^2}{8\lambda x} \quad \cdots\cdots\cdots\cdots\cdots\cdots (2.18)$$

円形平面きずのエコー高さに関して考えてみよう。直径 D の円形振動子の作り出す音場の中心軸上で距離 x の位置に直径 d の円形の平面きずがあり，この円形平面きずに超音波が垂直に入射する場合を考える。円形平面きずはある程度小さく，振動子から距離 x にある円形平面きずの位置に振動子が作り出す音圧 P_x で円形平面きずが振動し，この円形平面きずの振動によって作り出される音場を振動子が音圧 P_F で受信すると考える。この様子を**図2.19**に示す。

距離 x が近距離音場限界距離 x_0 の 1.6 倍以上の距離にあるとして近似式を用いると，P_x および P_F は次式となる。

$$P_x \fallingdotseq P_0 \cdot \frac{\pi D^2}{4\lambda x} \quad \cdots\cdots\cdots\cdots\cdots (2.19)$$

$$P_F \fallingdotseq P_x \cdot \frac{\pi d^2}{4\lambda x} \quad \cdots\cdots\cdots\cdots\cdots (2.20)$$

(2.20) 式に (2.19) 式を代入して，振動子の送信音圧を P_0 としたときの，直径 d の円形平面きずからの反射音圧として次式が得られる。

$$P_F \fallingdotseq P_0 \cdot \frac{\pi^2 D^2 d^2}{(4\lambda x)^2} \quad \cdots\cdots\cdots\cdots\cdots (2.21)$$

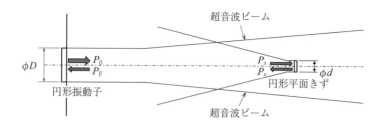

図2.19　円形平面きずからの音圧

円形平面きずの反射率に関して考えてみよう。反射率は，きずと同位置にある無限平面に垂直に超音波が入射したときのエコー高さに対する，きずからのエコー高さの比と定義されているので，(2.21)式を(2.18)式で割って求められる。したがって，円形平面きずからの反射率 γ として次式が得られる。

$$\gamma \fallingdotseq \frac{\pi d^2}{2\lambda x} \quad \cdots\cdots\cdots\cdots\cdots\cdots\cdots (2.22)$$

なお，ここで d はきずの直径である。半径 r を用いて書き改めると，次式が得られる。

$$\gamma \fallingdotseq \frac{2\pi r^2}{\lambda x} \quad \cdots\cdots\cdots\cdots\cdots\cdots (2.23)$$

この式は，表2.3のきずの反射率の表において，きずの形状が円形平面で適用条件が $0.8\sqrt{\lambda x} > 2r > 0.7\lambda$ のときのきずの反射率の式に一致していることを確認いただきたい。

第3章

超音波探傷試験の実践

　第3章は，溶接部の探傷試験として広く用いられている超音波探傷方法を紹介するとともに，そのときのきずの検出性や寸法測定精度に関して検討し，「超音波探傷試験の実践」とした。また，合わせて最近の超音波探傷試験の動向を紹介する。

3.1　時間軸の調整

　超音波探傷器の表示部に通常表示される画像は，振動子で発生する電位差の履歴が表示される（基本表示またはAスコープ表示というが，以降は単に探傷波形という）。きずエコーが検出された場合，探傷波形の横軸（時間軸）から超音波の伝搬時間を測定して，これに音速をかけて伝搬距離とし，超音波の伝搬方向（探触子の屈折角）よりきずの位置を求めることができる。

　しかし，斜角探触子で振動子が振動する位置は，くさび上の位置（**図3.1**のA点）である。したがって，測定される伝搬時間には，くさび内の往復伝搬時間（図3.1のA–B間）も含まれることに留意する必要がある。また，試験体に超音波が伝搬する位置（図3.1のB点）も明らかにしておかないと，きずの位置を評価できない。この，超音波が試験体に入射する位置を，入射点と呼んでいる。

　探傷に先立って，斜角探触子の入射点位置を求め，探傷波形の横軸（時間軸）を調整するために，JIS Z 2345：2000「超音波探傷試験用標準試験片」に規定されているSTB-A1標準試験片（またはSTB-A3標準試験片）が用いられること

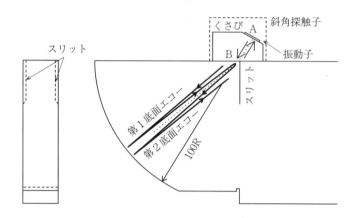

図3.1　STB-A1標準試験片の入射点測定および時間軸調整用の部位

が多い。この標準試験片には，図3.1に示すように，円筒面（R100の面）が設けられており，斜角探触子を走査するための平面が，円筒面の中心軸を通って設けられている。また，円筒面の中心軸から探傷面に垂直方向にスリットが両側面に設けられている。

　入射点位置を求める場合は，斜角探触子を前後に走査させ，円筒面からのエコー高さの変化に注目する。円筒面の中心軸位置に斜角探触子の入射点位置が一致した場合に超音波は円筒面に垂直に入射するので，エコー高さは最大となる。したがって，最大エコー高さの得られたときの円筒面の中心軸位置（試験片の両側のスリットの位置）が斜角探触子の入射点位置に一致するので，入射点位置を求めることができる。

　時間軸の調整は，先に求めた入射点が円筒面の中心軸に一致して円筒面からの最大エコー高さが得られる斜角探触子位置において，円筒面からの多重反射を利用する。すなわち，入射点から試験体中に伝達された超音波は円筒面で反射して入射点位置に戻り，くさび内を通って振動子を振動させて円筒面からの1回目のエコー（第1円筒面エコー）となる。

　一方，円筒面で反射して円筒面の中心軸位置に戻った超音波は，同時に，中心軸にあるスリットのコーナー部で反射して再度円筒面に向かい，さらに円筒面で反射する。この反射波は，円筒面の中心軸に至り，ここで超音波は斜角探

触子の入射点からくさび内を伝搬して振動子にいたり，2回目の円筒面からのエコー（第2円筒面エコー）となる。

この第2円筒面エコーと，第1円筒面エコーの伝搬時間差が，円の半径分を往復した時間になっている。これを利用して，探傷波形の横軸（時間軸）のスケールを入射点位置から超音波が試験体中を伝搬した距離に調整できる。

なお，時間軸の調整は，きずの位置を求めるのが主たる目的であるので，単に試験体を超音波が伝搬した往復距離で調整するよりも，片道の距離で調整しておいた方が便利である。この超音波が入射点から反射源まで試験体中を通過した距離をビーム路程と呼んでいる。

円の半径が 100 mm の STB-A1 標準試験片の例で説明しよう。ここで探傷波形の横軸（時間軸）のフルスケールを 250 mm のビーム路程に調整することを考えてみよう。

第1円筒面エコーを横軸（時間軸）のフルスケールの 2/5 の位置にあわせると同時に，第2円筒面エコーがフルスケールの 4/5 の位置になるように横軸のスケールを調整すると，横軸（時間軸）が 0 ～ 250 mm のビーム路程に調整されたことになる。エコーの位置は，エコーの立ち上がりの位置で定義することが多い。

エコー位置の調整には，超音波探傷装置についている2種類の時間軸の調整つまみを用いる。1つは測定範囲調整つまみで，時間軸の距離間隔を変えることができる。もう1つのつまみはパルス位置の調整つまみである。このつまみにより，横軸の時間間隔を変えることなく平行に探傷波形を移動できる。

デジタルの探傷器が普及し，この調整をコンピュータが計算して行うようにもなっている。例えば，1回目の円筒面からのエコーにゲートをかけて認識させ，また同時に2回目の円筒面からのエコーにも他のゲートをかけて認識させ，それぞれの位置を 100 mm，200 mm と認識させることで自動的に調整できる。

時間軸の調整が完了したとき，パルス電圧が印加されて振動子が振動したときの送信パルスが，調整した時間軸の0の位置の手前側（マイナスの位置）に発生していることに気付くであろう。送信パルスの立ち上がりは，表示部から外れることも多いが，表示したとすれば，送信パルスの立ち上がり時間から0のスケール位置までの伝搬時間が斜角探触子のアクリル樹脂などで作られたくさびの内部を超音波が往復した時間に相当する（探傷波形の横軸は鋼中（STB-A1

標準試験片）の距離で調整したので，表示される距離はくさび内の距離とは一致しない）。この様子を図3.2に示している。

一方，フルスケールの間隔を125mmに調整する場合には，1回目の円筒面からの底面エコーを0点に，かつ2回目の円筒面からの底面エコーを4/5メモリに合わせると，ちょうどフルスケールの4/5の間隔が100mmのビーム路程差に調整されたことになる。次にパルス位置調整つまみで時間軸の間隔の縮尺を変えることなく波形を平行移動させて，1回目の円筒面からの底面エコーを4/5目盛に合わせると，原点の位置が入射点位置に調整できたことになる。

ここでは，斜角探触子について述べてきたが，垂直探触子の場合も同様にして時間軸を調整できる。この場合には，板厚がわかっている平行な面をもつ平板を用いることができる。探傷面から垂直に入射した超音波は底面で反射し，第1底面エコー，第2底面エコー，第3底面エコーなどの多重反射を発生させる。

例えば先のSTB-A1標準試験片の幅方向の厚み25mmを用いる場合を考え

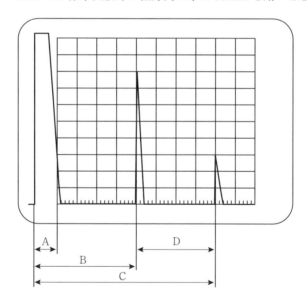

A：くさび内の伝搬時間相当の試験体距離
B：くさび内伝搬時間と半径100mmの伝搬時間相当の試験体距離
C：くさび内伝搬時間と2回の半径100mmの伝搬時間相当の試験体距離
D：C−B＝半径100mmの伝搬時間相当の試験体距離

図3.2　時間軸の調整の例

よう。フルスケールをビーム路程125mmに調整する場合には，第1底面エコーをフルスケールの1/5に，第2底面エコーを2/5に，第3底面エコーを3/5に，第4底面エコーを4/5に，そして第5底面エコーをフルスケールに一致するように調整すればよい。

また，試験体中への超音波ビームの進行方向である探触子の屈折角はスネルの法則で求まることを述べたが，きずの位置を求めるにあたっては，この屈折角を実測する必要がある。

屈折角を測定するには，異方性のない材料に，**図3.3** に示すような横穴を設けて探傷し，横穴からの最大エコー高さ位置で，斜角探触子の入射点位置と横穴の中心軸までの探傷面上の水平距離 Y を求め，横穴の中心軸の深さ D から，次式を用いて斜角探触子の屈折角 θ_R を測定できる。

$$\theta_R = \tan^{-1}(Y/D) \cdots\cdots\cdots\cdots\cdots (3.1)$$

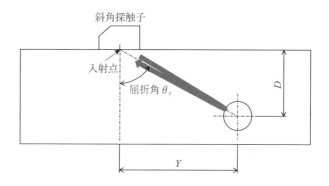

図3.3　斜角探触子の屈折角の測定方法

なお，時間軸の調整の折にも触れたSTB-A1標準試験片やSTB-A3標準試験片には，屈折角の測定用の横穴が準備されており，かつ，屈折角の測定のための探傷面の側面には(3.1)式の関係を示すスケールが描かれている。したがって，用いる探触子の屈折角に適した横穴を探傷し，最大エコー高さが得られたときの斜角探触子の入射点位置が示すスケールの値を読み取れば屈折角の測定ができ，広く用いられている。

調整された時間軸から読み取られたビーム路程 W と，実測した斜角探触子の屈折角 θ_r より，入射点からきずまでの探傷面上の距離（探触子欠陥距離とい

う) L と深さ d を，**図3.4** のように幾何学的に求めることができる。超音波を裏面などで反射することなく，直接にきずからのエコーを評価する直射法（a図）では次式となる。

$$L = W\sin\theta_r \quad \cdots\cdots\cdots\cdots\cdots\cdots (3.2)$$

$$d = W\cos\theta_r \quad \cdots\cdots\cdots\cdots\cdots\cdots (3.3)$$

また，裏面に一度超音波を反射させてからきずを探傷する一回反射法（b図）も行われるが，この場合のきずの深さ d は，板厚を T とすると，次式で表される。

$$d = 2T - W\cos\theta_r \quad \cdots\cdots\cdots\cdots\cdots (3.4)$$

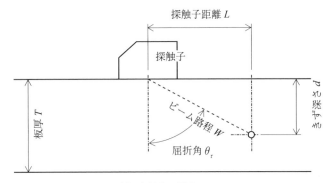

(a) 直射法の場合

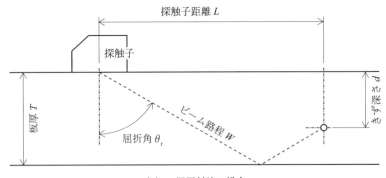

(b) 一回反射法の場合

図3.4 きずの位置の求め方

3.2 距離振幅特性曲線と探傷感度の調整

探傷波形の縦軸で測定している値は，相対エコー高さであり，これの基準は探傷に用いる規格で規定されていて，国際統一基準はないことを 2.7 節の「超音波探傷で知りたい情報」で述べた。ここでは，超音波の減衰・損失のしかたをより系統的に説明し，溶接部のきずの相対エコー高さを測定するために広く用いられている方法を紹介する。

3.2.1 超音波の減衰・損失

材料中を超音波が伝搬する過程で変化する音圧の様子を模式的に示すと**図 3.5** のようになる。接触媒質を介して探触子と試験体との界面を超音波が伝達するときに伝達損失が起こる。このために，探触子から送信された音圧 P_a の超音波は P_0 に減少する。

その後，材料中を伝搬するにつれて，結晶粒による散乱などで生じる散乱減衰，および超音波の広がりにともなって生じる拡散減衰によって減衰する。図

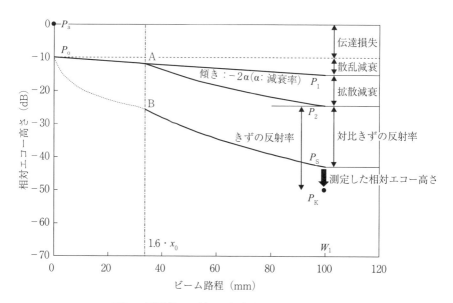

図3.5　試験体へ入射した超音波の損失・減衰の様子

84　第3章　超音波探傷試験の実践

の横軸は，ビーム路程（超音波が入射点から音源位置まで試験体中を通過した距離）であり，ビーム路程 W_1 の位置にきずがあってきずエコーが得られた場合を現わしている。

　なお，損失と減衰は，音圧の低下が超音波の伝搬距離に依存するか否かで使い分けている。すなわち，超音波が距離を伝搬するにつれて徐々に音圧が低下する現象を減衰といい，超音波が探触子から試験体に入射する際や反射する際に，距離に依存しないで音圧が低下する現象を損失といっている。

　伝達損失量は表面粗さに著しく依存し，接触媒質によっても影響を受ける。このことは，2.4節の「超音波の透過と反射」で触れた。

　主に結晶粒界で生じる散乱減衰量を，音圧比の常用対数の20倍である dB 値で表すと，散乱減衰量は2.2節の「超音波探傷試験に課せられた大きな制約」で述べたように，減衰係数 α と超音波の伝搬距離（超音波が減衰係数 α の媒体中を往復した往復距離）との積で表される。したがって，図3.5の横軸にビーム路程をとると，超音波の伝搬距離はビーム路程の2倍になることから，減衰係数 α の–2倍を傾きとする直線で散乱減衰量を表すことができる。

　さらに，超音波ビームは広がりをもって伝搬するので，距離とともに減衰していく。これを拡散減衰という。拡散減衰については，2.10節の「超音波ビームの拡散と円盤からの反射」で触れている。

　したがって，超音波ビームが垂直入射する理想的な無限平面を想定し，無限平面までの距離を変化させたときの音圧変化は，P_0AP_2 で示される。もし，ビーム路程 W_1 においてきずを検出したとすると，P_2 のエコー高さよりきずの反射率に相当する分だけ低いエコー高さを測定することになる。きずの反射率については，2.8節の「きずの反射率および形状反射能率」で述べた。

　ここで，測定したエコー高さは，材料の表面粗さに主に起因する伝達損失量や結晶粒の大きさに主に起因する減衰係数に著しく影響を受けることが理解でよう。したがって，仮に，探触子から送信される音圧を一定になるように工夫して探傷しても，探傷時の伝達損失量や散乱減衰量や拡散減衰量を求めて補正しない限り，きずに関する正確な情報は得られない。

　きずの重要な情報はきずの反射率であるから，もし図の P_0AP_2 曲線を求めておき，これと測定したエコー高さを比較すれば，きずの反射率を求めることになり好ましい。このためには，試験体と同じ表面粗さをもち，同一の減衰係

数の試験体を準備し，ビーム路程の異なる位置に超音波ビームが垂直入射する十分大きな平面をもつ試験体を準備すればよい。

すなわち，各ビーム路程で得られた大きな平面からのエコー高さを結んで$P_0 AP_2$の近似曲線を求め，検出されたきずのエコー高さをきずと同一ビーム路程の$P_0 AP_2$の近似曲線の値と比較すればよい。しかし，超音波が垂直入射する大きな平面をもつ試験体を準備するのは現実的ではないことをすでに述べた。

このために無限平面の代わりに，異なるビーム路程の位置に例えば同一形状の横穴（対比きずという）をもつ試験体（対比試験片という）を作製し，基準となる曲線を求めてきずの相対エコー高さを測定することになる。すなわち，$P_0 AP_2$曲線に対して，対比きずの反射率分だけ低い$P_0 BP_s$曲線を基準にきずの相対エコー高さを測定することになる。

したがって，一種の対数表示であるdB値で表現すれば，測定した相対エコー高さのdB値と対比きずの反射率のdB値の和がきずの反射率になることを意味している。なお，きずの面でモード返還してエコー高さが低下するような場合も，ここではきずの反射率に含めて表現している。

もし，より小さなきず（反射率の小さなきず）を対比きずに規定した場合には，大きなきず（反射率の大きなきず）を対比きずとする場合より測定した相対エコー高さは大きくなることを意味している。

3.2.2 距離振幅特性曲線

図3.6には，溶接部の探傷によく用いられる相対エコー高さの測定要領を示している。試験体とほぼ同一の表面粗さと減衰係数の試験体の異なる深さ位置に同一形状の対比きずを設けた対比試験片を準備する。対比きずとしては横穴を用いることが多い。対比きずの深さ位置は，多い方が好ましいが，ここでは板厚Tの$1/4T$および$3/4T$の深さに同一形状の対比きず（横穴）を設けた場合を示している。

探傷に先立って，各深さの対比きずを探傷し，最大エコー高さの得られた時のエコーのピーク位置を表示部（スクリーン）にプロットする。この各プロット位置を結んだ曲線を距離振幅特性曲線といい，これを探傷の基準に用いる。なお，$1/4T$のビーム路程より短いビーム路程側では，一般に近距離音場となる

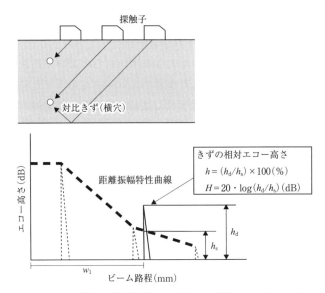

図3.6　距離振幅特性曲線の作成方法と相対エコー高さの求め方

ので，1/4Tの横穴のエコー高さと同じエコー高さとするのが一般的である。

ビーム路程w_1の位置にきずエコーが検出されたとする。このエコー高さは，同じビーム路程w_1における距離振幅特性曲線の値との比でもって相対エコー高さとして求められる。

3.2.3　JIS Z 3060による評価方法

JIS Z 3060：2015「鋼溶接部の超音波探傷試験方法」による相対エコー高さの評価は，基準となる距離振幅特性曲線に対して6dB間隔のエコーレベルの区分領域を設けて，相対エコー高さを領域で区分することとしている。すなわち，基準となる距離振幅特性曲線をH線と称し，これより6dB低い（1/2）エコーレベルをM線とし，M線よりさらに6dB低い（1/2）エコーレベルをL線と称している。

なお，きずとして評価するための閾値である検出レベルとして，同規格ではM検出レベルとL検出レベルを規定している。M検出レベルとはM線を超えるエコーが生じたときにきずとして評価するものである。L検出レベルは，さらに6dB低いL線を超えるエコーが生じたときにきずとして評価するもので

ある。いずれを用いるかは使用者が選択することにしている。

　きずの相対エコー高さがH線を超えて測定された場合は，Ⅳのエコー高さ
の領域として評価される。M線を超えてH線以下のものはⅢの領域に，L線
を超えてM線以下のものはⅡの領域に，L線以下のものはⅠの領域に区分さ
れ，評価に用いられる。

　この基準となる距離振幅特性曲線の求め方は，平板継手溶接部では付属書B
で，円周継手溶接部では付属書Cで，長手継手溶接部については付属書Dで
規定されている。

　平板継手溶接部の斜角探傷の場合について簡単に触れておこう。ここでは対
比きずとして横穴を用いる場合と縦穴を用いる場合について規定している。い
ずれの対比きずを用いるかは使用者が選択することになる。

　横穴を用いる場合は，規定された形状の対比試験片を作製して行うことにな
る。この対比試験片は，RB-41AまたはRB-41Bと呼ばれる。RB-41Aは，試
験体と同等の音響特性の鋼材および同等の探傷面の状態をもつもので，減衰係
数や伝達損失が試験体と同等のもの指している。この試験片を用いる場合には
感度の補正の必要はない。RB-41Bは探傷時に，伝達損失の差や散乱減衰の違
いを補正する必要のある対比試験片を指している。

　RB-41AおよびRB-41Bは，板厚区分によって試験片番号1～7までの試験
片形状が規定されており，探傷する板厚によって使い分けられる。横穴の径
は，板厚80mm以下の場合には直径3mmが，板厚が80mmを超える場合は，
直径6mmが規定されている。しかし，直径6mmの横穴を用いる場合は，
6mmの横穴のエコー高さをH線に調整した後に感度を3dB高めることが規
定されている。

　この3dBは，表2.4の各種モデルきずの形状反射能率から，直径3mmと
直径6mmの横穴の形状反射能率の違いに相当する。すなわち，探傷の基準と
しては板厚によらずに直径3mmの横穴の反射率を基準にしているといえる。
横穴の径を大きくしているのは，板厚が厚くなるとより長い波長の超音波を用
いるようになるためであろう。

　一方，縦穴を用いる場合は，JIS Z 2345：2000「超音波探傷試験用標準試験
片」に規定してあるA2形系標準試験片のφ4×4mmの標準穴を用いることと
している。表面に開口した直径4mmで深さ4mmの縦穴である。このような

88 第3章 超音波探傷試験の実践

きずを横波斜角探傷する場合に，屈折角によってはきずの側面でモード変換が生じて反射率が低下することをすでに紹介した。この反射率の低下を調整するように規定が定められている。

規格では，$\phi 4 \times 4\text{mm}$ 縦穴を用いる場合には，屈折角60度の斜角探傷は適用しないこととして，屈折角45度，65度および70度の斜角探傷について規定している。図2.13の斜め入射時の音圧反射率からそれぞれの探傷での反射率を求めると，屈折角45度で100%であるのに対し，屈折角65度と70度はおおよそ25%（-12dB）および50%（-6dB）付近となる。

同規格では，屈折角70度の斜角探傷では，標準穴のエコー高さをH線に一致するように調整することとしている。一方，屈折角45度の場合は，標準穴のエコー高さをH線に合わせたのちに，探傷感度を6dB高めるように規定している。すなわち，屈折角45度と70度との反射率の差である6dBを調整している。

一方，屈折角65度の場合は，屈折角70度の場合に比べて，さらに6dB 反射率が低くなるので，屈折角45度の場合とは逆に標準穴のエコー高さをM線に調整するよう規定している。標準穴のエコー高さをH線に合わせて，探傷感度を6dB低くするのと同じ意味である。

なお，標準試験片は一般の試験体に比べて減衰の少ない材料で作製され，かつ表面も丁寧に仕上げられている。このために，感度補正を行うように規定している。感度補正は，V透過法（同じ斜角探触子を対向させて超音波を送受信し，裏面で反射したエコーを測定する方法）によって行い，伝達損失量並びに散乱減衰量を補正することとしている。

なお，対比きずとしての横穴と縦穴では，距離特性に違いがあることを考慮しておく必要がある。表2.4の形状反射能率の式において，横穴の長さは，通常は限界寸法を超えて作製されるので，横穴の形状反射能率は距離の1/2乗に反比例して小さくなっていく。一方，縦穴は，ビーム路程が長くなると，直径および深さともに限界寸法以下となるので，距離に反比例する。これより，きずまでのビーム路程が長くなるほど，横穴より縦穴の方のエコー高さの低下が顕著になる。

このために，JIS Z 3060：2015「鋼溶接部の超音波探傷試験方法」では，付属書Bで使用する最大ビーム路程が150mmを超える場合には，A2形系標準試

験片のφ4×4mmを感度調整の標準きずに用いないように規定している。

> **コラム** **基準感度**
>
> 　超音波探傷試験で測定するエコー高さは相対値であるが，国際統一された基準値はなく，基準値は用いる規格で規定してあることを紹介した。しかし，同じ規格であっても，改定されて基準値が変更になることもある。
>
> 　もちろん，規格はより合理的に改定されていくので，探傷には最新版を用いればよい。しかし，改定前に行われたきずの検出性に関する研究の結論が，基準値の変更を考慮されないまま生き続けていないか危惧される。例えば「A規格の超音波探傷試験の指示長さはB規格より過小評価する」などの表現である。基準値が変更になった場合には，その変更分を考慮して再度見直されるべきである。
>
> 　国内の溶接部の超音波探傷試験規格として多く用いられているJIS Z 3060「溶接部の超音波探傷試験方法」も2015年版と以前の1994年版で基準値が異なっている。
>
> 　特に横穴を対比きずに用いる場合に大きな改定がなされた。1994年版では，板厚区分で使用する対比きずの直径が異なり，板厚が大きくなるほどより大き
>
>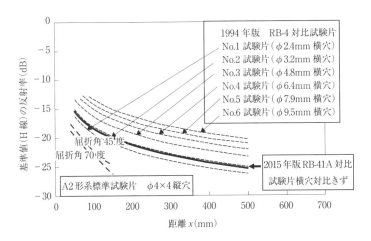
>
> 図　JIS Z 3060「鋼溶接部の超音波探傷試験方法」の1994年度版と2015年度版に規定されている探傷の基準(H線)の感度比較

90 第3章 超音波探傷試験の実践

な直径の横穴を基準に定めていた。2015年版ではすでに紹介したように，形状反射能率を考慮すれば，実質的には板厚によらずに直径3mmの横穴を基準としている。

1994年版で探傷する場合，板厚25mm以下の場合には直径2.4mmの横穴を対比きずとするので，2015年版の探傷感度の方が緩やかになっているが，板厚25mmを超える場合，対比きずの横穴の直径は3.2mm以上（板厚200mmを超え250mm以下の場合は9.5mm）となり，2015年版の規格による探傷の方が感度は厳しくなっている。

なお，A2形系標準試験片を用いる場合，屈折角45度と70度の斜角探傷の場合は，1994年版も20015年版も同じ表現で同一感度となっている。ただし，1994年度版では屈折角60度の斜角探傷を規定していたが，2015年版では屈折角60度は使用しないで屈折角65度を規定している。

屈折角60度の横波斜角探傷で縦穴を探傷するとき，モード変換による反射率は13%と極めて低い。このために，1994年度版の規格で屈折角60度の斜角探傷を行うとかなり探傷感度が高くなった。2015年度版では，反射率が屈折角60度よりは大きい屈折角65度の探傷を規定し，感度補正で反射率を調整している。

より定量的に表すために，1994年度版および2015年度版に規定された代表的な探傷の基準値（H線）に相当するきずの反射率を比較して図に示した。きずの反射率とは，同じ距離にある無限平面に垂直に超音波が入射したときのエコーレベルを基準として相対エコーレベルを表したものである。ここでのきずの反射率の計算には，形状反射能率と界面反射能率を用い，積を2倍した。2倍としたのは，形状反射能率ではきずの位置の音圧を基準としており，無限平面からのエコーレベルはこれの1/2となるためである。

3.3　モデルきずの検出性

JIS Z 3060：2015「鋼溶接部の超音波探傷試験方法」では付属書Aで，探傷器に必要な機能として，ゲイン調整器は合計の調整量として70dB以上あることを求めている。すなわち，約3,000倍以上の感度調整ができることを求めてい

る。探傷器をフル感度で用いると，結晶粒界からの散乱波や電気ノイズが表示部を埋めつくす。

　欠陥を素早く探知するには，きずと認識する閾値(検出レベルという)を設けて探傷し，探知したきずが欠陥(有害なきず)であるかを再度評価する必要がある。したがって，あらかじめ定めた検出レベルでどの程度のきずを検知できるかを知ることが重要である。

　ここでは，きずを球，円柱，平面などと単純化した形状に置き換えたときの検出性について検討する。不規則な表面形状をもつ溶接割れの検出性については，3.4 節で触れる。

3.3.1　各種形状のモデルきずの検出性

　Ｖ開先の溶込み不足のような形状のきずを考える場合，形状反射能率の直線溝で近似した方がわかりやすい。これらのきずはコーナー反射で捉えるために，屈折角 60 度や 70 度の斜角探傷ではきずの側面でモード変換が起こり，反射率が低下する (2.6 節の「平面への斜め入射時の反射率」参照)。ここでは，形状反射能率(表2.4)と界面反射能率を用いてモデルきずの検出性を考えてみる。

　距離振幅特性曲線を用いて測定したきずのエコー高さの比 (相対エコー高さ)：h_F/h_S は次式で表される。

$$\frac{h_F}{h_S} = \frac{\gamma_{G-F}}{\gamma_{G-S}} \cdot \frac{\gamma_{I-F}}{\gamma_{I-S}} \quad \cdots\cdots\cdots\cdots\cdots (3.5)$$

　ここで，γ_{G-F}：きずの形状反射能率

γ_{G-S}：対比きずの形状反射能率

γ_{I-F}：きずの界面反射能率

γ_{I-S}：対比きずの界面反射能率

　ここで，直径 3mm の横穴を対比きずとした距離振幅特性曲線を用い，距離振幅特性曲線の 1/4 (−12dB) のレベルを検出レベルとした場合のモデルきずの検出性を検討してみよう。なお，形状反射能率の式は，距離 x の関数でもあり，モデルきずの形状により距離に反比例したり，距離の平方根に反比例している。したがって，検出性は距離の関数にもなる。5MHz の屈折角 45 度の斜

角探触子を用いた場合の計算結果を**図3.7**に示した。

　きずが横穴のように横方向に長いとすれば，検出できるきずの寸法は，きずまでの距離 x に依存しないが，球状きずや，超音波ビームの限界寸法の中に入るきずでは，距離が長くなるほど検出できるきずの大きさは大きくなっている。このように，きずの形状をモデル化することで，きずの検出できる寸法を

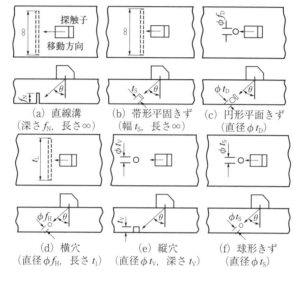

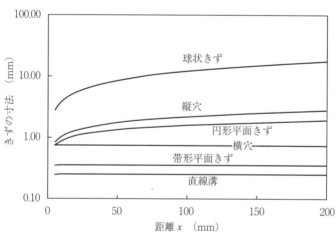

図3.7　モデルきずの検出性の検討結果の例

予測できる。

また，球状きずの検出性が悪く，ブローホールのようなきずの検出性が他の
きずと比較しても劣ることがわかる。

3.3.2 傾きのある平面きずの検出性

ここで，疑問をもたれた方もあろう。確かに直線溝や縦穴は，コーナー反射
によって検出するので，V 開先における溶込み不良やピットなどのきずを模擬
していよう。

しかし，平面きずでは，面に超音波が垂直入射するとしている。近年，フェー
ズドアレイ探傷が普及してきて，これの探傷方法の1つである屈折角を連続的
に変化させて行うセクタスキャンによれば，確かにきずの面に垂直入射する確
率が増えて，検出性が良くなることは理解できる。しかし，従来の特定の屈折
角の探傷の組み合わせの場合に，平面に超音波が垂直入射するとは限らない。
超音波が斜めに入射した場合の検出性はどのようになるのだろうか。

大きな平面に超音波が大きな角度で斜めに入射すると，超音波は面で反射し
て探触子側には戻らずに，きずの端部で散乱する微弱な散乱波だけを受信す
る。ここでは，面に超音波が少し傾いて入射したときの面からの反射波がどの
ように低下していくかについて考えてみる。

既に述べたように，振動子から送信される超音波の指向性は，波長 λ と振動
子寸法 $2d_1$ との比 $\lambda/2d_1$ に大きく依存し，同じ波長では，振動子寸法が大き
いほど，送信される超音波の指向性は鋭くなる。同様に，平面きずからの反射
指向性は，きずの大きさに依存し，同じ波長ではきずが大きいほうが反射の指
向性も鋭くなる。したがって，傾いた平面へ超音波が入射する場合には，大き
なきずの方が反射指向性は鋭く，傾きによるエコー高さの低下の度合いが大き
くなるといえる。

仙田，廣瀬らは，**図3.8** に模式的に示すように，超音波が平面きずへ斜めに
入射する場合のきずからの相対エコー高さを検討し，超音波の平面きずへの入
射角があまり大きくない範囲で，相対エコー高さが次式で近似できることを示
した[3]。

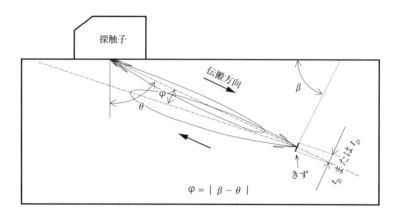

図3.8 平面きずに超音波が斜め入射する場合の模式図

$$\frac{h_F}{h_S} = \left| \frac{\sin Z_1}{Z_1} \right|^4 \frac{\gamma_{G-F}}{\gamma_{G-S}} \cdot \frac{\gamma_{I-F}}{\gamma_{I-S}} \quad \cdots \cdots \cdots \cdots (3.6)$$

帯形平面きずの場合(寸法 t_B)

$$Z_1 = \frac{\pi}{\lambda} \cdot t_B \cdot \frac{\sqrt{2} \cdot 2d_1}{\sqrt{2} t_B + 2d_1} \cdot \sin\varphi$$

円形平面きずの場合(寸法 t_D)

$$Z_1 = \frac{\pi}{\lambda} \cdot t_D \cdot \frac{\sqrt{3} \cdot 2d_1}{\sqrt{2} t_D + \sqrt{2} d_1} \cdot \sin\varphi$$

ここで, λ :超音波の波長
$\quad\quad 2d_1$:斜角探触子の見掛けの振動子寸法
$\quad\quad \varphi$:平面への超音波の入射角
$\quad\quad t_B$:帯形平面きずの幅
$\quad\quad$ (きず面に沿って測った高さ)
$\quad\quad t_D$:円形平面きずの直径

なお,ここで見掛けの振動子寸法 $2d_1$ について説明しておこう。見掛けの振

動子寸法とは，斜角探触子では探傷面で超音波が屈折して試験体を進むので，超音波の指向性を検討するには，試験体中での超音波ビームの進行方向から見たときの振動子の寸法を考慮する必要があり，これを見かけの振動子寸法といっている。

図3.9に示す通り，屈折のために，超音波が試験体中を進行する方向から見た見掛けの振動子寸法$2d_1$は，実際の振動子寸法$2d_{01}$と異なり，次式で示される。

$$2d_1 = 2d_{01} \cdot \frac{\cos\theta}{\sqrt{1-\left(\frac{c_W}{c}\right)^2 \cdot \sin^2\theta}} \quad \cdots\cdots\cdots\cdots (3.7)$$

ここで，　c_W：くさび中の縦波音速
　　　　　c　：試験体中を伝搬する超音波の音速
　　　　　θ　：屈折角

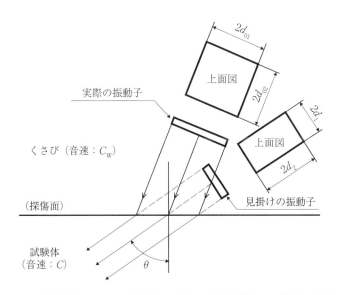

図3.9　斜角探触子における振動子の実際の寸法と見掛けの寸法との関係

超音波が平面へ斜めに入射したときのエコー高さを求める(3.6)式の計算例を**図3.10**に示す。ここでは，φ4mmの横穴を対比きずとして，屈折角45度で振動子寸法10mm(見掛けの振動子寸法：8.8mm)の斜角探触子で探傷を行い，平面きずが深さ60mm(距離 x = 84.9mm)にある場合について計算している。

　ここでは，面への入射角が6度まで(3.2)式が適用できると仮定して計算しているが，超音波が斜めに平面に入射した場合のエコー高さの低下の度合いは，より大きなきずの方が大きく，より大きなきずの方が相対エコー高さはより小さいきずより低くなる場合も生じ，検出しにくくなることがわかる。

　ここでは，平面からの反射波の相対エコー高さのみを論じており，きずの端部で生じる回折波のエコーレベルは無視している。とはいえ，超音波がきずの面へ斜めに入射すると大きいきずの方が検出しづらいということは，検出性を論じる上では少々困った現象である。

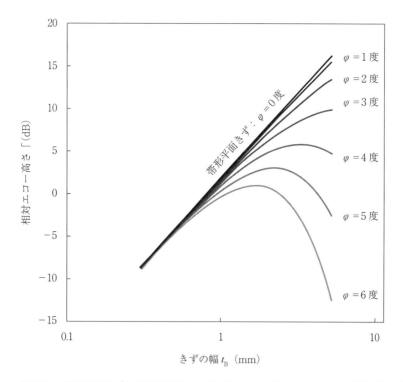

図3.10　帯形平面きずに超音波が斜め入射する場合の相対エコー高さに及ぼす入射角およびきずの大きさの関係(探触子：5C10×10A45, 距離x=85mmの場合)

3.4 内在する溶接割れの検出性

3.4.1 溶接割れの指向性

　海面や湖面を眺めていると，様々な景色の移ろいに見とれることがある。風のない静かな水面は，鮮やかに対岸の景色を映し，また風によって生じる波の波頭がキラキラと光り輝くこともある。様々な波の形に対して，光の反射が織りなす景観の多様性である。

　前項で述べた平滑な平面きずは，風がまったくなく波のない水面の反射に相当しよう。自然界に発生する割れの破面はむしろ波立つ水面に相当するかもしれない。このような場合の超音波の反射はどのようになるであろうか。**図3.11**に，超音波の反射の様子を模式的に示してみた。

　割れ面は，モザイク状に小さな面が互いに傾きをもって連なっていると考えられる。したがって，それぞれの面の傾きに応じて種々の方向に超音波が反射することになる。かつ，分割された各面は，小さな面積に分割されているので，反射の指向性も鈍くなる。これらの反射波が合成されて，一枚の平滑面の場合に比べて割れの反射指向性はかなり鈍くなり，より検出できる超音波の入射方向が広がると考えられる。

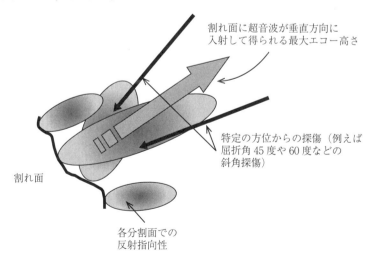

図3.11　割れ面での反射指向性を示す概念図

Civaシミュレーションソフトを用いて，これを確認した結果を紹介する。深さ60mmの位置に，傾きを変化させた平面きずおよび割れの模擬きずを設定し，これを周波数5MHzで屈折角45度の斜角探触子（振動子寸法10×10mm）を前後走査させて最大エコー高さを求め，同一形状のきずの面への入射角を変えた時のエコー高さの変化を求めた。用いた割れの模擬形状は，**図3.12**に示す横割れの断面形状を図中に示すように直線でなぞって求め，同寸法の平滑面のきずの場合と比較した。ただし，ここでは，長手方向に対しては同一形状をもつとして，二次元でのシミュレーションを行っている。

検討した結果を**図3.13**に示すが，平滑面に比べて割れを模擬したきずでは，超音波がほぼきずの面に垂直に入射したときの最大エコー高さは低くなるものの，超音波反射の指向性は明らかに鈍くなり，より広い方向からの探傷できずを検出できると考えられた。

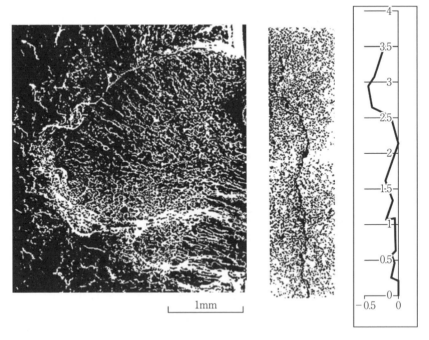

図3.12　コンピュータシミレーションに用いた溶接割れの形態
　　　　自然欠陥（左）（中），直線で分割してモデル化（右）

また，3.3.2項の(3.6)式の平面に斜めに超音波が入射したときのエコー高さに関する近似式は，面への入射角が4〜5度以内の範囲でシミュレーション結果とよく一致している。しかし，これを超えると(3.6)式のエコー高さの方がシミュレーション結果の値より急激に低下しており，図3.10の傾き角度6度あたりの大きな平面きずの検出性が極端に悪くなり始める付近は，(3.6)式の適用範囲を外れていることも考えられる。

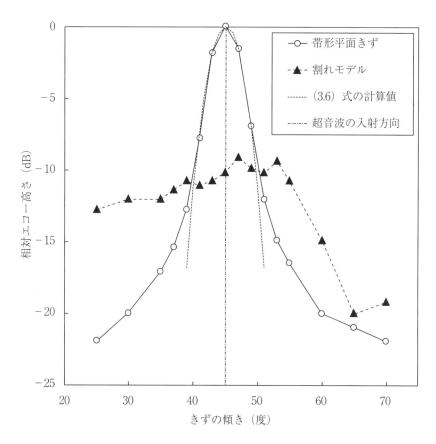

図3.13 Civa シミュレーションでの帯形平面きずと水素割れモデルとのきずへの超音波の入射角度の影響の比較[4]
(探触子：5C10×10A45, 帯形きずの幅：3.53mm, 距離 x = 85mm)

3.4.2 割れ面の界面反射能率の統計的検討

平滑な面に超音波が垂直に入射した時に比べ，割れ面の場合にエコー高さが低下するが，この低下の度合いを求めて，割れのサイズと割れ面に垂直に超音波が入射した時の相対エコー高さの関係を明らかにしておく必要がある。このときの平滑面に対してエコー高さが低下する比率を割れ面の界面反射能率とした。

多くの水素による低温割れを溶接部に導入して，割れの長手に直交する一断面で，垂直探傷，およびタンデム探傷を含んで屈折角7.5度間隔の探触子による斜角探傷で試験片の両面両側から前後走査して最大エコー高さを求めて，割れ面の界面反射能率を検討した。

すべての探傷で得られた最大エコー高さは，割れ面に垂直に超音波が入射したときのエコー高さに等しいと考え，探傷後に試験片を切断して求めた割れの形状から，平滑面としたときの形状反射能率を用いて求められるエコー高さとの比をもって割れ面の界面反射能率とした。このときに，切断は探傷を行った走査線で行い，きずは帯状の形をもつとして（有効ビーム幅よりもきずは充分に長いとして）帯形平面きずの形状反射能率を用いて行った。

垂直探傷やタンデム探傷を含んで屈折角7.5度間隔の斜角探傷での最大エコー高さが，割れ面に垂直に入射したときのエコー高さとしたのは，面への超音波の入射方向を順次増やしていくと，最大エコー高さの分散は小さくなるが，この探傷ピッチ付近であまり変化が見られなくなったためである。

また，図3.13においても，割れの傾きが約40～55度の割れの傾き範囲でエコー高さに大きな変化は見られておらず，屈折角15度以内毎の探傷で最大エコー高さに近いエコー高さが得られるのがわかる。

公称周波数5MHzでの検討結果を**図3.14**に示している。ここでは，切断して求めたきずの高さ寸法（帯形平面きずとしたときの幅で，割れ面に沿って測定した割れ高さ）と，最大エコー高さより帯形平面きずの形状反射能率を用いて求めたきずの高さ（帯形平面きずの幅）との関係を示している。帯形平面きずの形状反射能率では，きずの幅とエコー高さは比例するので，両者の比が割れ面の界面反射能率になる。割れ面の多様性により，分散が見られるが，割れ面の界面反射能率は約1/3であり，平均値で-10.5dB，標準偏差値で3.69dBが得られた（2MHzでは，平均値-7.5dB，標準偏差値2.67dB）。

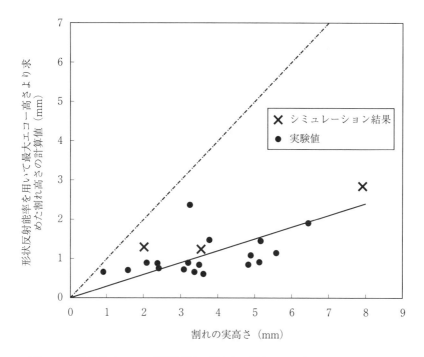

図3.14 詳細探傷(A type 詳細探傷)で得られた最大エコー高さより形状反射能率を用いて求めた割れ高さの計算値と実割れ高さの比較(周波数：5MHz)[4]

なお，図中には，図3.12の低温割れのシミュレーション結果および，溶接・接合技術特論（溶接学会編）から採取した割れ断面形状を二次元でシミュレーションした結果をも×印で示している．やや，高めではあるが，妥当な相関性を確認できている．

3.4.3 割れ面の反射指向性の統計的検討と内部の割れの検出確率

図3.15に，試験体の片面両側より垂直探傷と屈折角45度と60度の斜角探傷を行う場合（以後，C type 一般探傷と呼ぶ）を考慮し，このときの最大エコー高さと，種々の方向から探傷して，いずれかの探傷で割れ面に超音波が垂直入射するように，垂直探傷とタンデム探傷を含んで屈折角7.5度間隔の斜角探傷（以後 A type 詳細探傷と呼ぶ）での最大エコー高さの比較を示している．横軸

102　第3章　超音波探傷試験の実践

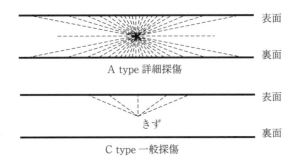

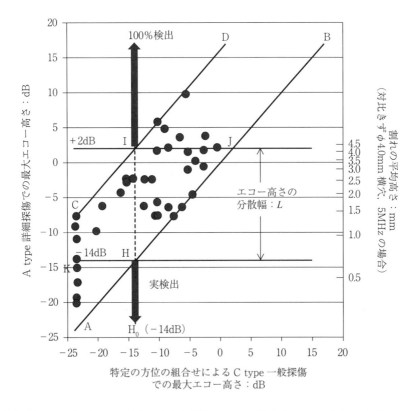

図3.15　垂直探傷とタンデム探傷を含んだ屈折角7.5度間隔の斜角探傷（A type詳細探傷）で得られた最大エコー高さと試験体の片面両側より垂直探傷と屈折角45度と60度の斜角探傷の組合せ（C type 一般探傷）での最大エコー高さの比較[5]

に示した C type 一般探傷での最大エコー高さも，さらに A type 詳細探傷を行えば，割れ面での反射指向性のために，エコー高さは最大で 16 dB 高い値も得られ，最大値を 16 dB としてエコー高さは分散することがわる。

一方，3.4.2 項での検討結果より，A type 詳細探傷での最大エコー高さは，割れの寸法に関連付けることができる。求めた割れ面の界面反射能率の平均値を用いて，A type 詳細探傷の最大エコー高さを割れ寸法に置き換えて図の右側の縦軸に示している。

ここでは，対比きずに直径 4 mm の横穴の距離振幅特性曲線を基準にした場合の割れ高さ（長さはビームの太さより長いとして帯状の割れとした）を求めている。対比きずの形状や寸法が異なる場合は，対比きずの形状反射能率や界面反射能率（縦穴などの対比きずでモード変換が生じる場合）が異なる分，縦軸の値は変化する。

ここで，C type 一般探傷で検出レベルを −14 dB（20％）としたときの割れの検出性について考えてみよう。C type 一般探傷で検出レベルの −14 dB のエコー高さを示す割れを，さらに A type 詳細探傷を行えば，−14 dB から +2 dB までのエコー高さが得られることがわかる。ここで +2 dB の割れは，図の右側の縦軸より 4.2 mm の割れ高さ（帯状の割れの幅）であることがわかる。すなわち，4.2 mm 以上の割れ高さの割れは，A type 詳細探傷で +2 dB 以上の最大エコー高さが得られ，同時に C type 一般探傷においても検出レベルの −14 dB 以上のエコー高さとなり，検出確率は 100％になる。

一方，A type 詳細探傷で −14 dB のエコー高さの割れ高さは 0.7 mm であり，0.7 mm 未満の割れは C type 一般探傷の検出レベル −14 dB に達することはなく検出確率は 0％になる。A type 詳細探傷で +2 dB から −14 dB までの最大エコー高さの検出確率は，分散が均一であると仮定すると 100％から 0％に直線的に変化すると考えられる。

なお，図 3.14 における割れ面における界面反射能率は割れの形態の多様性によりかなり分散した値をもっている。この界面反射能率を確率分布で表して割れの検出確率を求めた方がより合理的かも知れない。ここでの分散を正規分布と仮定して検討を行った。

図3.16 に検討結果を模式的に表している。横軸は、A type 詳細探傷で得られた最大エコー高さ(図3.15の縦軸)を表している。

図は、φ4mm の横穴を対比きずとして、C type 一般探傷での検出レベルを −14dB (20%) として、5MHz で探傷したときの、割れ高さ1mm の割れの検出確率を求めている。割れ高さ1mm の割れに垂直に超音波が入射したときの平均的なエコー高さは −10.5dB であるが、割れ面の多様性を考慮して正規分布の確率関数 $R(x)$ として、図に鎖線で表している。この A type 詳細探傷での最大エコー高さにおいて、C type 一般探傷とのビームの入射方向の粗密にともなう検出確率を一点鎖線の $f(x)$ で表している(A type 詳細探傷での最大エコー高さが +2dB 以上の場合が100%の検出確率で、検出レベルの −14dB 未満の場合が0%で、その間を直線で結んだ関数)。したがって、検出される高さ1mm の割れの数は、関数 $R(x)$ と $f(x)$ を掛け合わせて積分した値となるから、高さ1mm の割れの検出確率 P は次式で表される。

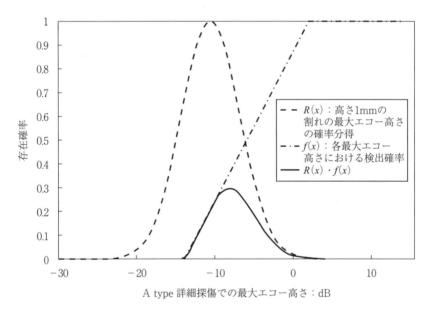

図3.16 割れ面での界面反射能率の分散を考慮した検出確率の求め方の模式図
(対比きずφ4mm横穴、C type一般探傷での検出レベル−14dB(20%)、5MHz探傷で1mm高さの割れの検出確率の求め方の例)[6]

$$P = \left(\int (R(x) \times f(x))\,\mathrm{d}x\right) / \left(\int R(x)\,\mathrm{d}x\right) \quad \cdots\cdots\cdots (3.8)$$

それぞれのきず高さに対して求めた検出確率を，割れの界面反射能率として平均値を用いて求めた場合と比較して，**図3.17**に太い実線で示している。

なお，ここでの検出確率は，あくまでも割れの一断面に着目して検討したものである。大きな割れでは，超音波ビームは異なる割れの断面を複数回横切ることになる。割れの断面形状は長手方向で異なる形状をもつと考えられるので，大きな割れの見落とし確率としては，超音波ビームが断面を横切る複数回ともに割れを検出しない確率として定義されるべきである。したがって，割れの検出確率は，今回一断面で検討した検出確率より，特に大きな割れに対してはかなり改善されることが期待される。

なお，図3.15の探傷方法の違いによるエコー高さの分散は，内部に位置する割れに対して求めたもので，割れ面での反射指向性に基づいている。一方，第1章の図1.10に示すPackmanらによる試験結果は，表面に開口した疲労割れを対象としている。

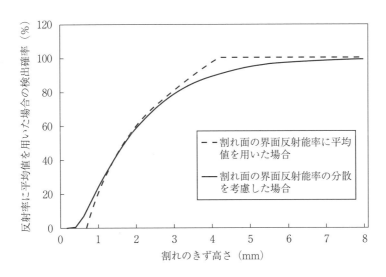

図3.17 割れ面での界面反射能率の平均値を用いる場合と分散を考慮した確率計算による場合の割れの検出確率の例（対比きずφ4mm横穴，C type一般探傷での検出レベル−14dB（20%），5MHz探傷の例）

表面に開口したき裂の検出は，きずの面と底面で2回反射するコーナー反射により検出するので，内部のきずに比べてはるかに強いエコー高さとなることが期待される。すなわち，図3.15の探傷方法の違いによるエコー高さの分散ははるかに小さくなり，縦軸の左側と右側に対応するきずの検出性に近づくものと考えられる。

図1.8のPackmannらの検出性は，きず長さに対する検出確率で評価しており，ここでのきず高さとは異なり，また検出レベルも異なるものではあるが，ここでの検討結果より高い検出性を示している大きな理由は，きずが内部にある場合と表面に開口している場合との違いであると考えられる。

コラム　割れの定量化への関心

超音波探傷試験能力を，溶接部に発生する自然欠陥を対象として評価することの重要性が指摘され，1977年に発電用熱機関協会（現在の発電設備技術検査協会）に委員会が発足して研究が開始されており，その折の探傷データが溶接割れの検出確率を求めるための貴重なデータの一部となった。

その後，1980年代に入ると，欧米において構造物の長寿命化に対する非破壊検査の重要性が叫ばれ，その中で，前にも述べたPISC II計画があり，試験体を回送するラウンド・ロビン・テストが行われた。このうちの試験体の1体は，日本で作製したもので，板厚200mmのノズル付き試験体の溶接部に低温割れを作製した。

万一割れが作製できなかったことのリスクを恐れ，一部の割れの作製では炭素量の高い溶接金属で割れを作製したが，それ以外は原子炉圧力容器に使用している溶接材料を用いて作製した。炭素量の高い部分では，縦割れのほかに横割れも発生して混在したが，割れは代表的な低温割れの形態を示した。

この試験体で各チームが行った探傷結果の中で，ASME規格に準じた横穴を対比きずとした探傷チームの結果を，3.4.3項の「割れ面の反射指向性の統計的検討と内部の割れの検出確率」での計算結果と比較してみた。結果を図に示すように，ほぼ結果に満足したことを記憶している。

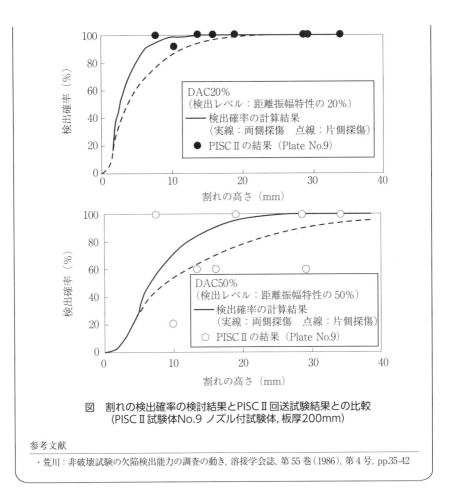

図 割れの検出確率の検討結果とPISC II回送試験結果との比較
(PISC II試験体No.9 ノズル付試験体, 板厚200mm)

参考文献
・荒川:非破壊試験の欠陥検出能力の調査の動き, 溶接学会誌, 第55巻(1986), 第4号, pp.35-42

3.5 きずの寸法測定

3.5.1 DGS線図を用いたきず寸法(きず面積)測定

円形平面きずの寸法と平面きずに垂直に超音波が入射するときの相対エコー高さの関係をより詳細に表したものに図3.18に示すDGS線図がある。図の横軸は，距離を近距離音場限界距離で割った基準化距離 n を対数スケールで表示している。縦軸は相対エコー高さを対数表示のdB値で示している。この図は，伝達損失や散乱減衰がない仮想の材料中に，無限平面や各寸法の円形平面きず

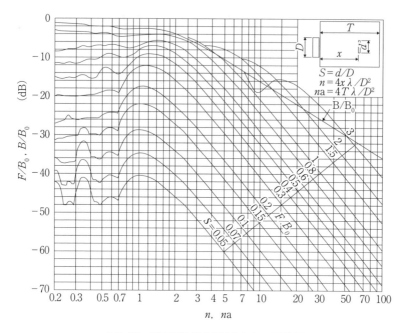

図3.18　垂直探触子の規準化したDGS線図

が存在したときの，距離(基準化距離)と相対エコー高さの関係を示している。図中に B/B_0 とある線は無限平面の場合であり，その他の F/B_0 の線は円形平面きずの場合を示している。円形平面きずの直径は，振動子の直径との比 S で表されている。

基準化距離が1となる近距離音場限界距離より短い距離の近距離音場において，きずの大きさが小さいほどより不規則に音圧が変化している。振動子の近傍で波の干渉により音圧分布が不規則に乱れていることを示している。

一方，基準化距離が1.6を超えて遠距離音場の領域では線はほぼ直線で表されている。この直線の傾きは，B/B_0 で示されている無限平面に対する線は，距離(基準化距離 n)が2倍になると，音圧は6dB低下して，エコー高さは距離 x に反比例している。すなわち，2.10節の「超音波ビームの拡散と円盤からの反射」で示した(2.18)式の関係を示している。

一方，F/B_0 で示された円形平面きずの線は，距離(基準化距離 n)が倍にな

るとほぼ12 dB低下しており，距離の2乗に反比例している。2.10節の「超音波ビームの拡散と円盤からの反射」で示した(2.21)式の関係を示している。

この線図を用いれば，例えば底面エコー高さを基準にした鋼板の垂直探傷や，平底穴を基準にした鋼板の垂直探傷において測定した相対エコー高さから，きずを円形平面きずとしてきずの寸法を求めることができる。もちろん，基準にしたきずと，検出したきずの距離が異なる場合には，両者の減衰率を考慮した補正や，表面粗さの異なる場合の伝達損失の違いを補正して考える必要がある。

鋼板や鍛鋼品のきずは圧延や鍛造によって探傷面に平行に広がるので，超音波ビームが垂直に入射するとしてDGS線図を活用しやすい。DGS線図を活用した規格に，鍛鋼品の超音波探傷試験の日本工業規格がある。JIS G 0587：2007「炭素鋼鍛鋼品及び低合金鋼鍛鋼品の超音波探傷試験方法」では，距離振幅特性曲線により検出レベルを設定する場合に，DGS線図を活用しており，また，底面エコー方式できずのエコー高さを評価する場合に，DGS線図から等価きず直径を求めることを要求している。

3.5.2 エコー高さにしきい値を設定したきず寸法測定

探触子を走査したときの探触子位置とエコー高さの関係を画像化したとしよう。超音波ビームがレーザ光のように細く，かつ直進性がよければ，超音波の感度をある程度高めることで鮮やかなきずの像を得ることが期待できよう。

しかし，JIS Z 3060：2015「鋼溶接部の超音波探傷試験方法」の本文に規定してあるような平板の振動子を用いた探触子では，超音波ビームは闇夜を照らす懐中電灯の光のように拡散して伝搬する。このような超音波ビームで画像化したきずの像は，用いる超音波ビームの拡散に応じて，ぼけた像となる。このぼけた像からきずの寸法を定めるには，きずの端部に当たる位置のエコーレベルをあらかじめ定義しておく必要がある。

一方，凹面の振動子を用いた集束探触子では，平板振動子に比べて集束位置での超音波ビームの太さを小さくできる。球面の振動子から超音波を水中に送信したとする。球面の中心位置においては，振動子のすべての位置からの距離が等しいので，振動子上に無限に連なる点音源を想定した時のすべての波の位相が揃い，音圧が高くなるとともに超音波ビームが集束する。この位置を集束

110　第 3 章　超音波探傷試験の実践

点という。

　しかし，いくら超音波ビームが集束するといっても，レーザ光のように集束
することはなく，波長のオーダーのビーム径である。超音波探傷試験で用いる
超音波の波長は，ミリのオーダーであることを紹介したので，集束した超音波
ビームの幅もミリのオーダーとなる。しかし，集束探触子を用いることで寸法
測定精度の向上が期待できる。

　次の (1) 項では，通常の平板振動子を用いた超音波探傷試験での寸法測定精
度を議論している。これに対して (2) 項では，集束探触子を用いた場合の寸法
測定精度の改善に関して述べている。

　なお，(1) 項では，きず寸法の中のきず長さに関してのみ議論した。通常の
平板振動子から送信される超音波ビームの太さは，きずの高さ寸法より通常か
なり大きい。このために，きずの高さ寸法を測らないで，超音波ビームの太さ
を測り，かなり過大評価することが多い。JIS Z 3060：2015「鋼溶接部の超音
波探傷試験方法」でも，きずの高さ測定は規定せずに，指示長さの測定のみを
規定している。

　これに対して，集束探触子を用いた寸法測定精度に関しては，きずの高さ測
定精度の議論をしている。なお，JIS Z 3060：2015「鋼溶接部の超音波探傷試
験方法」でのきずの指示高さ測定に関しては，参考ではあるが，附属書 H と I
に，「端部エコー法によるきずの指示高さ測定方法」および「TOFD 法によるき
ずの指示高さの測定方法」として記されている。これらの手法に関しては，3.5.3
項「端部エコーの伝搬時間を用いたきず寸法（きず高さ）測定」で触れている。

(1)通常の平板振動子を用いたきず寸法（きず長さ）測定精度

　きずの端部のエコーレベルの定義方法として，一定のエコーレベルをしきい
値とする方法と，きずからの最大エコー高さを基準にしきい値を定める方法が
一般に用いられてきた。この 2 つの測定法を比較して概説すると，一定のエ
コーレベルをしきい値とする測定方法は，しきい値に達しないきずは，いくら
きず長さが長くても無視されるので，論理的な測定方法というよりは実用的な
測定方法といえよう。

　これに対して最大エコー高さを基準にしきい値を求める方法の方がより論理
的に思える。長い長方形の平面きずに超音波が垂直入射する場合のきずの端

のエコーレベルは，ちょうど超音波ビームの半分がきずを捉えている状態であるので，最大エコー高さの1/2（-6dB）となり，また楕円のきずの端は1/2（-6dB）より低い-10dB付近になることは理解しやすい。

しかし，この最大エコー高さを基準にしきい値を求める方法にも大きな欠点がある。1つは，超音波ビーム幅に比べてかなり小さいきずを測定する場合に大きくきずを過大評価することである。すなわち，小さなきずが超音波ビーム幅の中にある間はエコー高さに大きな差が生じないので，あたかも超音波ビーム幅を測定するような結果となる（もし，小さなきずでかつ高いエコー高さを示すきずがあれば，一定のしきい値で測定する方法も同じ傾向になる）。

また1つは，自然界に生じるきずの形態の不規則さによる。例えば，朝日に輝く波立つ海面は，波頭のみがキラキラ輝いている。この輝きを基準にして波の大きさを測定したとすれば，波頭の一部しか測定しないであろう。最大エコー高さを基準とする測定方法では，きずから強く反射したきずの一部分の寸法しか測定しないで，大きく過小評価することが懸念される。

両者の測定方法の特徴をより理解するために，JIS Z 3060「鋼溶接部の超音波探傷試験方法」でも規定されているような，対比試験片を用いて作成した距離振幅特性曲線の1/4（-12dB）のL線をきずの端と定義した方法（DAC-12dBしきい値法と呼ぶ）と最大エコーの高さの1/3（-10dB）のエコーレベルをきずの端とする方法（10dBドロップ法と呼ぶ）を比較して，きず長さの測定結果の例を**図3.19**に示している。

横軸は，それぞれの探傷で得られたきずからの最大エコー高さを示し，縦軸は超音波探傷で測定した指示長さと，探傷後に試験体を切断して求めたきずの実長との比を表している。この比が1を超えるものは，きずを過大評価し，1未満のものは過小評価したことを意味している。

きずの探傷は，異なる屈折角で複数の超音波のきずへの入射方向において行い，それぞれの方向からの探傷での長さ測定結果を示している。探傷の方向の違いで異なる長さの測定結果が得られている。

DAC-12dBしきい値法では，エコー高さが-12dBのしきい値を超えないものは，きずとして無視されるので，きず長さはゼロとなる。また，エコー高さの小さなきずは一般にきず長さを過小に評価し，エコー高さが大きくなるにつれて過大評価する傾向が見られる。

一方，10dBドロップ法によれば，いずれも測定値の分散は大きいながら，測定結果は，きずからの最大エコー高さにあまり依存しないことが特徴としてあげられる。ただし，最大エコー高さの小さなきずに対しては，きずの端として定義するエコーレベルも小さくなり，ノイズとの識別が困難になる。

測定精度を定量的に議論するには，寸法測定誤差の平均値と標準偏差値に注目するのがよい。きずの端部のエコーレベルを低くしていくと，寸法を大きく

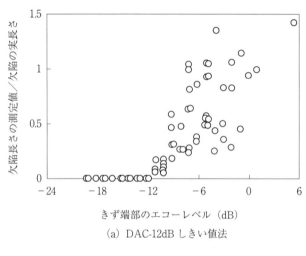
(a) DAC-12dB しきい値法

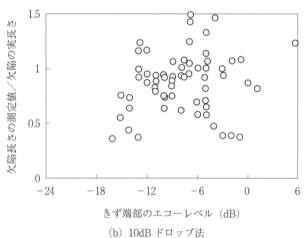
(b) 10dB ドロップ法

図3.19 きず長さの測定結果の例（しきい値法とドロップ法の比較）

計るようになるので，誤差の平均値のみに着目すれば，誤差の平均値が零になるきずの端におけるエコーレベルを決めるのは可能である．しかし，このときの測定値の分散に大きな関心がもたれるべきである．したがって，誤差の平均と標準偏差値がともに零に収斂（しゅうれん）するきずの端部におけるエコーレベルの定義が必要である．

図3.20は，距離振幅特性曲線を基準にしてきずの端部のエコーレベルを順次変化したとき，およびきずからの最大エコー高さを基準としたドロップ法で，きずの端部のエコーレベルを順次変化したときの，きず長さ測定における測定誤差の平均と標準偏差に及ぼすきず端部のエコーレベルの影響を示している．このときの測定は，板厚50mmおよび板厚190mmの突合せ溶接部の内部に

エコーレベルの基準	項目	記号
最大エコー高さ	誤差の平均（m）	●
	誤差の標準偏差値（σ）	○
距離振幅特性曲線	誤差の平均（m）	▲
	誤差の標準偏差値（σ）	△

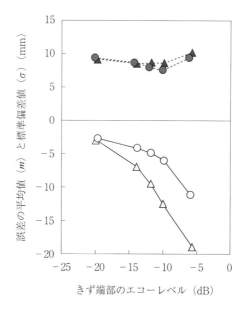

図3.20　きずの長さ測定における誤差の平均と標準偏差に及ぼすきず端部のエコーレベルの影響

作製した，割れを中心とする自然欠陥24個（きず長さ：6～66mm）を対象として，垂直探傷および屈折角45度と60度の横波斜角探傷を溶接部の両側から行い，それぞれの走査ごとに指示長さを測定し，各きずに対して得られた長さの最大のものをきず長さとした場合を示している。

最大指示長さの得られる一方向からだけの測定結果の場合，いずれのきずの端部のエコーレベルの定義においても，標準偏差値は大きく，測定結果はかなり分散することを示している。寸法測定精度の検討には，単にきずの端部におけるエコーレベルの検討のみならず，きずに対してどの方向からどのように測定するかも重要である。

図3.21 は，最大エコー高さを基準としたデシベルドロップ法において，それぞれの探傷方向でのきずの指示長さ位置を合成することで測定精度を向上で

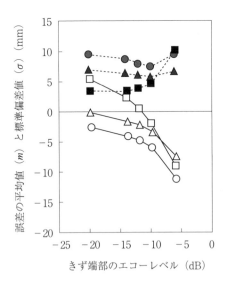

図3.21　各走査で得られた指示長さからきずの指示長さを決定する方法がきずの長さ測定精度に及ぼす影響（最大エコー高さを基準に端部のエコーレベルを決定する場合）

きることを示す結果の例である。○と●印の結果は，図3.20に示したのと同じ結果を示している。すなわち，垂直探傷と屈折角45度と60度の斜角探傷で溶接部の両側よりきずの指示長さを測定し，最大のものをきず長さとした場合の測定誤差の平均と標準偏差値を示している。

これに対して，△と▲印のものは，各探傷方向で得られた指示長さ位置を重ね合わせて，きず長さと定義した場合の結果である。探傷方向で，同じきずであっても測定している箇所が異なり，重ね合わせることで指示長さの測定精度が改善できることを示している。

さらに□と■印の結果は，論理性を求めるために，さらに探傷方向を増やして測定した結果である。垂直探傷，タンデム探傷を含み屈折角15度ピッチの斜角探傷を溶接部の両側から行い，きずの長手方向のエコー高さ分布を重ね合わせて包絡線を求め（それぞれの探傷位置での最大値によるエコー高さ分布を求め），この包絡線の最大エコー高さを基準に端部のエコーレベルを順次変えて測定精度を検討した結果である。

この長さ測定の作業によって，折れ曲がった複雑な形状の割れなどのきずのしわを伸ばして平坦なきずの形状に直して，これの面に垂直な方向から測定しなおすのと同等の効果が期待できる。図から，大きく測定精度が改善できているのがわかる。

また，誤差の平均値と標準偏差値がともにゼロに近づく，測定精度のよい端部のエコー高さは，最大エコー高さの−10dB付近にあるのがわかる。長方形の平坦な面の長さを測定するときは最大エコー高さの−6dBとするのがよく，また楕円形状の平坦な面では最大エコー高さの−10dBとするのがよいと述べたが，ここでの結果とほぼ一致しているのがわかる。また，これよりきずの寸法測定精度を悪くする大きな要因の1つが，きずの形状の複雑さにともなう，きず長手方向での超音波反射特性の不規則さにあることがわかる。

なお，ここでは溶接部の内部に存在する割れ長さの測定精度を検討してきた。表面に開口して発生する割れなどではきずの側面と底面に二度反射して探触子に戻るコーナー反射で主にきずを捉えると考えられる。

この場合のきず長手方向に対する超音波反射特性は，内部きずに比べるとかなり安定すると考えられる。したがって長さ測定精度を悪くする要因の1つが軽減され，表面開口きずの方が内部きずより長さ測定精度が向上することが期

116　第3章　超音波探傷試験の実践

待できる。

　平板の振動子を用いた探触子(超音波ビームが拡散する場合)のきずの長さ測定精度に関して紹介した最後に，JIS Z 3060：2015「鋼溶接部の超音波探傷試験方法」によるきずの指示長さ測定方法ときずの分類方法について紹介しておこう。

　すでに，同規格には基準感度(H線)の-12dB(1/4)のL線をきずの端部として定義するDAC-12dBしきい値法が採用されていると述べた。ただし，この方法は，公称周波数2MHz ～ 2.5MHz以外の探触子を用いる場合について規定された方法である。同規格では板厚が100mm以下の場合，公称周波数2MHz ～ 2.5MHzの探触子は用いることがないので，100mm以下の板厚の指示長さ測定はすべてDAC-12dBしきい値法を用いることになる。

　公称周波数2MHz ～ 2.5MHzの探触子を用いる場合には，最大エコー高さの-6dB(1/2)をきずの端として測定することにしている。すなわち，6dBドロップ法が採用されている。

　具体的な測定方法は，最大エコー高さを示す位置から，左右走査(きずの長手方向に平行な走査で，探触子の向きを変える首振り走査は行わないこととしている)によってきずの端と定義したエコーレベルを超える範囲を1mmの単位で測定することにしている。複数の方向から同一のきずを測定した場合には，それぞれの方向で求めた指示長さの最大値をきずの指示長さとして採用するように求めている。

　きずの評価に関しては，付属書G「試験結果によるきずの分類方法」で規定している。ここでは，きずのエコー高さ領域，板厚区分と指示長さによってきずを1類から4類に分類している。

　なお，付属書において，同一とみなされる深さおよび溶接線中心からの距離において，きずときずとの間隔が大きい方のきずの指示長さと同じかまたは短い場合は同一のきずとして，きずときずとの間隔を含めて連続したきずとして取り扱うよう規定されている。

(2)集束探触子を用いたきず寸法(きず高さ)測定精度

　超音波ビームが，レーザビームのように，鋭ければ，極めて精度良いきずの寸法測定ができることは，25MHz集束探触子による500円硬貨の水浸探傷で

の探傷画像結果（2.2節図2.1）からも理解できよう。ここでは，一般構造物に対して適用可能な5MHzの探傷周波数での集束探触子を用いた場合の寸法測定精度について考える。

図3.22に，板厚200mmの突合せ溶接試験体に作製した割れを含む自然欠陥を，集束探触子を用いてきずの高さを測定したときの結果を，2MHzの屈折角45度（振動子寸法20×20mm）の通常の斜角探触子（2Z20×20A45）での測定結果と比較して示している。

図の横軸は，φ3mmの横穴を用いて作成した距離振幅特性曲線を基準として，きず高さを測定した時のきずの端のエコーレベルを表しており，きず高さの測定誤差の平均値と標準偏差に及ぼす影響を示している。すなわち，横軸の各エコーレベルで探傷画像を二値化して得られるきずの形状からきず高さを求めるときの，寸法測定誤差を表している。

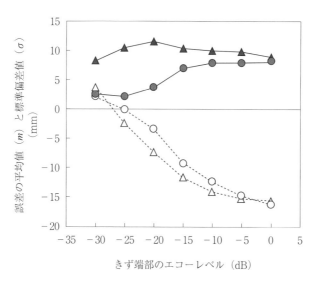

図3.22　きず高さの測定精度に及ぼす集束斜角探触子と平板振動子を用いた非集束斜角探触子（2Z20×20A45）の比較[7]

なお，用いた集束探触子は，周波数 5MHz で，最大の振動子寸法が φ35mm で，集束範囲の異なる 4 個の集束探触子を，きずの深さに応じて使い分けた。図3.23 に，用いた集束探触子の特性を，2MHz で屈折角 45 度（振動子寸法 20 × 20mm）の通常の斜角探触子（2Z20 × 20A45）と比較して示している。各深さの φ3mm 横穴を前後走査して，最大エコー高さに対して 1/2（−6dB）の値となるビーム幅の板厚方向の寸法を求めている。

図 3.22 に丸印で示した集束探触子を用いた場合，きずの端のエコーレベルを距離振幅特性曲線の −15dB 以下と，探傷感度を高くしていくと，誤差の平均値がゼロに近づくとともに標準偏差値もゼロに近づき，測定精度が改善されることがわかる。また，きずの端のエコーレベルを距離振幅特性曲線の −25dB に設定した場合に，誤差の平均値も標準偏差値もゼロに最も近づき，測定精度が最も改善されることもわかる。

一方，材料中を超音波ビームが拡散する平板振動子を用いた三角印の通常の斜角探触子（2Z20 × 20A45）の場合には，きずの端のエコーレベルを距離振幅特性曲線の −25dB 付近としたときに，誤差の平均値はゼロに近づくが，この

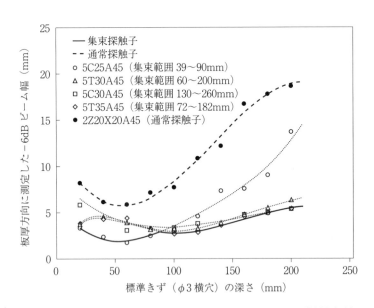

図3.23 試験に用いた集束斜角探触子と平板振動子を用いた通常斜角探触子（2Z20×20A45）の深さ方向の超音波ビーム幅(深さ方向)の距離特性

ときの標準偏差値はなお10mm程度と高く、測定精度は悪いといえる。このように、集束探触子により測定精度を改善できるのは、図3.23に示すような超音波ビームの集束によるもので、誤差の標準偏差値も超音波ビームの太さに依存すると考えられる。

図3.24には、集束探触子によるきず高さの測定値と、試験後に切断試験で求めたきず高さの実測値との比較を、通常用いられる平板振動子の斜角探触子（2Z20×20A45）の結果と比較して示している。きず長さに比べて一般にかなり小さい寸法のきず高さであっても、集束探触子を用いることで、測定精度を大きく改善できることがわかる。

しかし、「測定精度は上がるとしても、なんと手間暇のかかることよ」と嘆かれた方も多いと思う。事実、集束探触子を用いる場合も、きずの深さに応じて使用する探触子を使い分ける必要があり、そのたびに感度の調整などをやり直す必要があり、確かに手間暇の要する作業であった。

しかし、超音波探傷試験の動向の項で後に紹介するフェーズドアレイ探傷の普及により、極めて短時間に大量のデータをコンピュータに取り込んで画像化することが可能になった。超音波ビームの集束位置も、微小に分割した素子の遅延時間を制御することでかなり任意に位置を変えて探傷できる。すなわち最新の装置をうまく適用することで、測定精度が大きく改善することを理解いただくためにも、あえてこの面倒な測定方法の改善効果を紹介した。

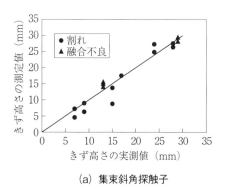 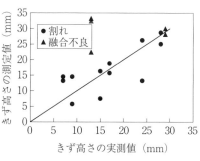

(a) 集束斜角探触子　　　　　　(b) 通常斜角探触子（2Z20×20A45）

図3.24　集束斜角探触子および平板振動子を用いた通常斜角探触子（2Z20×20A45）によるきず高さの測定値と実測値の比較[7]

120 第3章 超音波探傷試験の実践

3.5.3 端部エコーの伝搬時間を用いたきず寸法（きず高さ）測定

　これまで述べてきたきず寸法の測定は，探触子を走査して得られるエコー高さ分布から測定する方法といえる。これに対して，エコー高さを基準としないで，きずの端からの回折波を識別し，この端部エコーの音源位置を求めてきずの高さを求める方法が，かなり古くから用いられている。端部エコー法と呼ばれる方法である。

　また，近年ではさらに回折波の識別性を改善し，画像化するために，送受信探触子を一定間隔で固定して探傷するTOFD法の適用が進められてきている。これらの端部エコーを活用した寸法（きず高さ）測定法について紹介する。

　割れなどの面状きずに超音波が入射すると，きずの面で超音波は大きく反射するが，同時にきずの端部において回折波が発生する。これを受信して，きずの端部の音源位置を求めることで，きずの高さを測定できる。面状きずが内在している場合は，面状きずの上端と下端で回折する波を測定して，音源位置の深さ方向の位置の差からきずの高さを測定する。裏面に開口した面状きずの場合には，裏面側の開口部においてコーナー反射による高いエコーが得られるが，上端位置での回折波を受信してきず高さを測定する。この様子を**図3.25**に示す。(a) 図に示す探傷条件で数値シミュレーションした結果（Civa 2015 11.1 による）を(b) (c)図に示している。

　端部で発生する回折波は，面からの反射波や裏面開口部におけるコーナー反射に比べてはるかに微弱である。内在きずでは，面からの反射波を強く受けると，面からの反射波ときずの端部からの回折波の識別が難しくなるので，面からの反射波をできるだけ受信しないように，探傷方向に注意が必要である。例えば，きず面に45度のように斜めに超音波を入射させる配慮が必要である。

　また，スリットを探傷する場合は，面からの反射波を受信しないで，端部エコーのみを評価でき，比較的容易にきず高さの測定が可能かもしれない。しかし，表面に凹凸のある溶接割れでは，割れ先端がシャープで端部エコーのレベルも低く，かつ割れの凹凸面からのエコーが入り混じり，端部エコーの識別がより困難になる。この様子をシミュレーションで表現した。

3.5 きずの寸法測定　　121

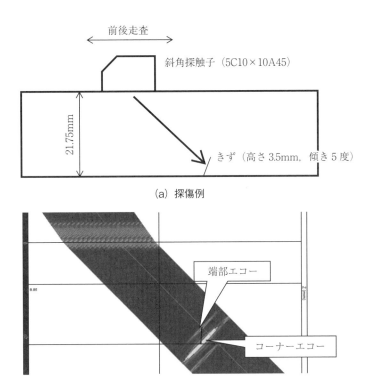

(a) 探傷例

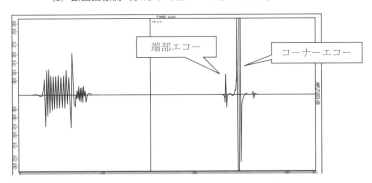

(b) 断面画像例（Civa シミュレーションによる）

(c) Aスコープ例（Civa シミュレーションによる）

図3.25　端部エコー法の解説図

図3.26 は，深さ 27.5mm の位置に，高さ 3.53mm の垂直スリットを想定し，これを屈折角 45 度の横波斜角探触子を用いて 1mm ピッチで前後走査（きずの長手方向に直交する方向に探触子を走査）したときの，各探触子位置での探傷波形を重ねて表示した結果である。すべての探傷波形を細い点線で表し，代表的な 2 か所の位置の探傷波形を太い実線と破線で表している。代表的な波形よりもわかるように，超音波の伝搬距離の異なる位置に生じた 2 つのエコーで探傷波形が構成されている。探触子を前後走査すると，この 2 つのエコーのピーク位置は，なだらかな放物線を描く。

2 つのエコーの中で，ビーム路程の短いところのピークは，きずの上端からの回折波によるエコーで，これの包絡線を細い破線で示している。また，後方のピークはきずの下端からの回折波によるもので，細い実線でピークの包絡線を表している。

太い点線で示した探傷波形は，きずの上端からの回折波が点線で示す包絡線の最大値付近にあり，超音波ビームの中心軸がきずの上端を捉えた時の探傷波形に相当する。この探傷位置で屈折角とビーム路程よりきずの上端位置の深さを求めることができる。同様に，太い実線で表した探傷波形は，超音波ビームの中心軸がきずの下端を捉えた時の探傷波形で，これよりきずの下端位置の深

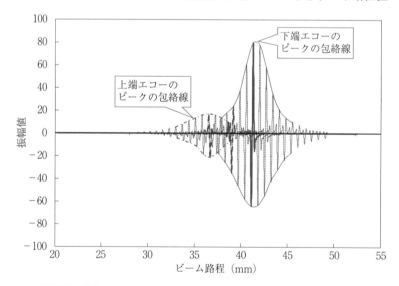

図3.26 数値シミュレーションによるスリットきずの端部エコー法の例

さが求められる。これよりきずの高さを測定できる。

スリットのような単純な形状のきずに，面からの反射を避けて斜めに超音波を入射させると，きずの上端および下端からのエコーを明瞭に確認でき，スリットの高さ測定にきわめて有効であることがわかる。それでは，自然界に発生する割れに対しても同じように明瞭に端部エコーを識別できるのであろうか。溶接割れの指向性を検討するときに用いた横割れの形状を用いて数値シミュレーションした結果を図3.27に示す。

明らかにスリットの場合と異なり，多数のピークが複雑に入り乱れて生じている。超音波ビームの中心軸が上端および下端位置を捉えるときの探傷波形を同じく太い破線と実線で示しているが，前後走査において上端および下端エコーのピークの軌跡を明確に求めるのはより困難である。

これより，上端エコーおよび下端エコーを識別するにはかなりの熟練を要し，技量により探傷結果に差異が生じることも危惧される。割れモデルの端部エコー法において，端部エコーのピーク位置をより特定しにくいのは，割れの折れ曲がった箇所や微小面からの散乱や反射があり，探触子の指向性が鈍いためにより広い走査範囲で複雑に絡み合うためと考えられる。このことは，より指向性の鋭い集束探触子を用いて測定精度を改善することが期待できる。

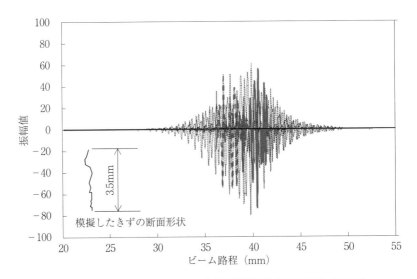

図3.27　数値シミュレーションによる割れモデルの端部エコー法の例

図3.28に示す集束特性の集束探触子（振動子寸法 ϕ25 mm，曲率 80 mm，くさび内距離 20 mm，5 MHz，横波 45 度斜角探触子）を用いて，割れモデルの端部エコー法の数値シミュレーションを行った。結果を，図3.29に示すが，超音波ビームが集束しているので，割れ面の凹凸などからエコーと識別がよりしやすくなっている。

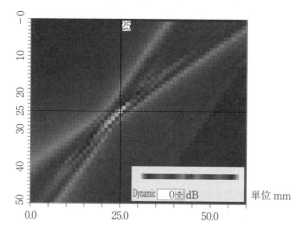

図3.28 数値シミュレーションに用いた集束探触子の集束特性

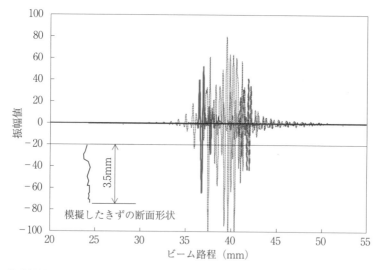

図3.29 集束探触子を用いたときの数値シミュレーションによる割れモデルの端部エコー法の例

図3.30 には，オーステナイト系ステンレス鋼溶接部で鋭敏化した溶接熱影響部に発生した応力腐食割れを，端部エコー法によってきず深さを測定した例を示している。端部エコーを識別する難しさはあるが，正しく端部エコーを認識できれば，端部位置を正確に求めることができ，極めて精度の良いきずの高さ測定が可能である。

なお，端部エコー法に似た方法として，TOFD 法があり，近年しばしば実機に適用されるようになってきた。本方法は，きずを挟んで探触子を対抗させて配置し，片方を送信用として，他方を受信用として用いる方法である。

探触子から送信された超音波は，端部エコー法と同様にきずの端部で回折して他方の探触子で受信される。この方法によれば，面からの反射波を受信しないこと，さらに探傷結果を画像化して得られるので，より客観的な判断が可能なことなどの特徴をもっている。

図3.31 に TOFD 法の概要を示している。2つの縦波斜角探触子を対向させて，一定間隔に固定し，きずの長手方向，または直交方向に探触子を移動させて探傷波形を採取する。前者の走査を D スキャン，後者を B スキャンと呼んでいる。

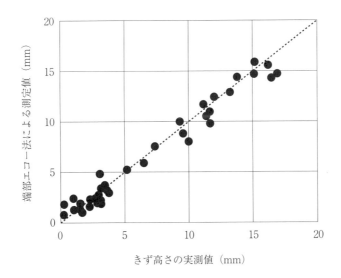

図3.30　端部エコー法によるオーステナイト系ステンレス鋼溶接部の熱影響部に発生した応力腐食割れのきず高さの測定例[8]

126   第3章　超音波探傷試験の実践

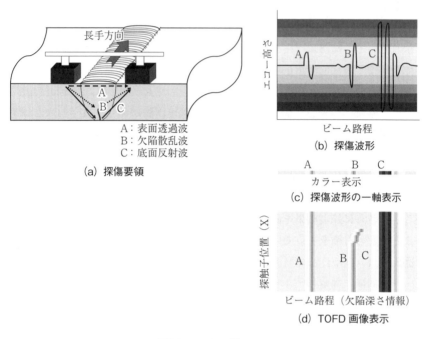

図3.31　TOFD法の原理

　採取した探傷波形（図3.31(b)）の縦軸の振幅値を濃淡表示（あるいはカラー表示）させると，2軸の画像を1軸で表示できる（図3.31(c)）。探触子の移動に従って，1軸の像を並べると，探触子位置と超音波の伝搬距離（または伝搬時間）の関係にエコー高さを濃淡（またはカラー）で表示したTOFD画像が得られる（図3.31(d)）。
　もし，試験体の内部にきずがない場合には，片方の探触子から表面を伝搬して受信探触子にいたるラテラル波と，裏面で反射して得られる底面波のみが得られる。これに対して，内部にきずのある場合には，きずの端部からの回折波も受信される。
　TOFD法の最大の長所を1つだけ挙げるとすれば，きずの端部からの回折波を，端部エコーと比べても極めて明瞭に識別できることにある。横割れを模擬した割れモデルを用いて検討した。この割れモデルは，従来の端部エコー法では，図3.27に示したように，端部エコーの識別が難しくなったものである。

しかし，このような複雑なきずの形態であっても，TOFD法を用いると容易にきずの上端エコーと下端エコーを識別できる。**図3.32**にTOFD法でのシミュレーション結果を示す。屈折角50度の縦波斜角探触子を，探触子間距離（入射点間距離）を65mmと一定に保って対向させて配置し，端部エコー法と同様に，きずの長手の直交方向に探触子を1mmピッチで前後走査して採取した探傷波形を並べた結果である。

複雑に折れ曲がった割れを模擬したきずであっても，端部エコー法の場合と異なり，上端エコーと下端エコーを明確に識別できることがわかる。また，探触子を前後に移動させても，探傷波形の変化は端部エコー法に比べても大変小さいことがわかる（幾何学的には，きずが対向した2つの中心位置より外れると，端部からの回折波の伝搬時間は長くなるが，端部エコー法に比べると変化量は小さく，ここでの走査範囲ではほとんど変化は見られていない）。これより，簡単にきずの高さを評価できそうである。

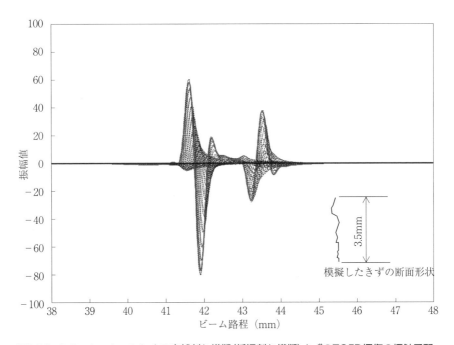

図3.32 シミュレーションによる自然割れ模擬（低温割れ模擬）きずのTOFD探傷の探触子配置（2つの縦波斜角探触子を一定間隔で対向させた配置）での前後走査時の探傷波形の例

なお，TOFD法できずの高さを測定する場合，きずの直交方向に走査するBスキャンが主に使われる。Bスキャンによる探傷画像の例を図3.33に示す。振動子サイズ φ6 mm の 5 MHz 振動子を屈折角 55 度の縦波用のくさびに搭載し，探触子間距離 57 mm で，深さ 15 mm の自然割れ模擬きず（板厚 60 mm）を探傷したときのシミュレーション結果である。

TOFD探傷には縦波斜角探触子が一般に用いられる。画像の縦軸は，伝搬時間より音速を用いて求めたきずの深さ（正確には探触子間の中央にきずが位置するときの深さ）の表示に書き換えている。種々の深さに複数の円弧状の指示が描かれている。

縦波であれ，横波であれ，きずの端部に超音波が入射すると縦波も横波も発生する。このために，TOFD探傷画像にはモード変換にともなう擬似の像が現れる。縦波を用いた場合には，縦波の方の音速が速いので，横波にモード変

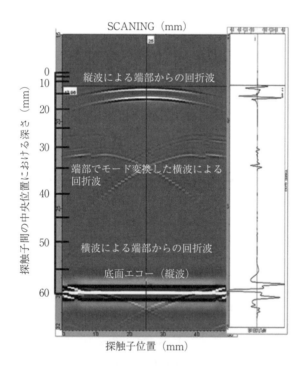

図3.33　シミュレーションによる縦波斜角探触子によるTOFD探傷画像の例

換した擬似の像は縦波による真の像の後方に生じる。一方，横波を用いた場合には，モード変換による擬似の像が，真の像の手前に生じ，評価がより困難になるので，一般に縦波斜角探触子が用いられる。

また，指示模様が円弧上に現れるのは，2つの探触子の中心軸上にきずが位置するときに，幾何学的に最も伝搬距離が短くなり，中心軸位置から外れるにつれて超音波ビームの伝搬距離も長くなるためである。このために，きずの端部の深さを求める場合，最も伝搬距離の短い位置での超音波の伝搬距離から幾何学的に深さを求める。

図3.34に，曲げ疲労試験で，き裂を進展させ，その過程でTOFD探傷によるき裂の高さ測定と，測定時にき裂にビーチマークを残しておき，試験後に切断試験で各測定時のきずの高さを求めた結果との比較を示している。極めてよい測定精度を確認できる。

TOFD法は，JIS Z 3060：2015「鋼溶接部の超音波探傷試験方法」の付属書Iで参考ではあるが「TOFD法によるきず高さ測定方法」として規定されている。しかし，TOFD法はきずの検出とあわせて用いられることも多く，海外では種々の規格も整備されている。きずの検出と合わせた一般的事項に関しては次節の超音波探傷試験の動向で触れている。

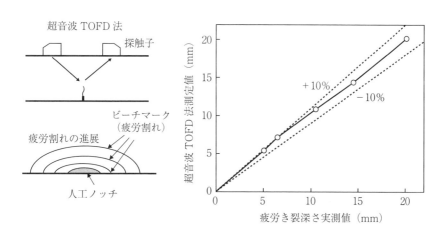

図3.34　TOFD探傷による疲労き裂進展監視結果

コラム　招かれざる客

　超音波探傷試験をしていると，予期していないところにエコーが発生して考え込むことがある。どんなところにどんなエコーが生じる可能性があるかをあらかじめ予測しておく必要がある。

　例えば，長さの長い細長い試験体を超音波探傷した場合に，底面エコーの後に等間隔にエコーが生じることがある。遅れエコーと呼ばれているものである。縦波が試験体側面に当たる際にモード変換して，横波が発生し，これが試験体を幅方向に横切って伝搬し，試験体側面で再び縦波にモード変換して生じるものである。試験体の幅方向に横波が伝搬する回数分，等間隔にエコーが発生する。

　底面エコーにどの程度遅れて発生するかは，側面に縦波が90度で入射するとして横波の伝搬経路を求め，底面で縦波が反射するときとの伝搬時間差を求めると求まる。結果として，試験体の幅をdとすると約0.76dのビーム路程差ごとに底面エコーに遅れて発生することがわかる。

　また，丸棒を振動子径の大きな探触子で垂直探傷する場合に，底面（探触子と反対側の面）からのエコーの後に複数のエコーが現れることがある。円柱面エコーと呼ばれている。接触媒質を通して探触子から丸棒に超音波が入射するときに，円周面で屈折が生じる。丸棒の音速が接触媒質より大きいので，入射角に比べて屈折角は大きく，丸棒の内部で超音波はかなり広がって伝搬するこ

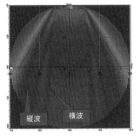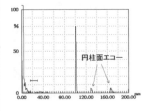

　図　丸棒内部の超音波シミュレーション結果と円柱面エコーの探傷波形の例及び丸棒内部の超音波の伝搬経路（丸棒；直径100mm，探触子：5MHz，φ25.4mm振動子）

とになる。このために，丸棒を三角形に伝搬したり，モード変換して横波が発生して三角形に伝搬したりして，底面からのエコーに遅れてエコーが発生することになる。図に，丸棒内の超音波ビームのシミュレーション結果の例と，丸棒内部の超音波の伝搬経路を示している。シミュレーションでは，超音波が入射するときに，モード変換によって横波も試験体に入射していることもわかる。

　近年，製鋼・精錬技術が発達し，清浄度もよく，超音波減衰の少ない材料が普及してきた。このような材料の厚板を低い周波数で垂直探傷すると，底面エコーの手前にもエコーが発生することがある。残留エコー（以前はゴーストエコーともいった）と呼ばれるものである。

　パルス式超音波探傷試験では，パルスを一定間隔で繰り返して発生させている。超音波探傷での探傷波形は，繰り返されるパルスの同期をとって，特定の時間軸範囲を監視していることになる。

　通常，超音波は多重反射中に減衰し，次のパルスが送信されるまでに消失する。しかし，減衰が少ない厚板では，多重反射波が消失する前に次のパルスが送信されることがある。この場合，監視範囲に前のパルスの消失しなかった多重反射波が現れて，残留エコーとなる。

　この残留エコーは繰り返し周波数が短いほど発生しやすいといえ，また繰り返し周波数が変わると発生位置も変化する。また，接触媒質を塗った手で超音波が反射する位置を擦ると，手に超音波が吸収され，残留エコーのエコー高さが変化する。内部のきずであればエコー高さが変化しないので，在留エコーであることを確認する一つの手段となる。

　溶接部の斜角探傷であっても，試験体の形状にともなう形状エコーが生じることがある。特に，余盛部の形状や試験体の形状によってはモード変換が伴うこともあり，十分に留意する必要がある。

参考文献

・荒川敬弘，福本伸太郎，大庭勇輝：丸棒などの曲率が超音波探傷に及ぼす影響，IIC REVIEW　58号（2017年10月），pp.42-47

132 第 3 章 超音波探傷試験の実践

3.6 超音波探傷試験の動向

3.6.1 コンピュータ技術の進歩と超音波探傷試験

　超音波探傷試験の世界にも，コンピュータ技術の進歩が推進力となって技術の革新がなされてきているように思う。すなわち，コンピュータ技術に支援された新探傷手法が活用され始めている。

　放射線が発見されるや，すぐに医療への関心がもたれ，やがて鉄板を透過できる強い線源が開発されるや工業製品の検査への適用が始まる。このように，医学と工業界における非破壊検査のニーズに共通点がある。

　ただし，医療では，人は自在に歩き，指示に従って姿勢を変えることもできる。また，容姿も似通っている。検査装置が大型で高価なものであっても，人が動くことで対応できる。一方，工業製品は自在に動くことはない。様々な形状の様々な場所に探傷装置を運び込み検査する必要がある。このため，装置の実用化には小型化や低廉化が不可欠である。必然的に，医学に比べて工業製品への適用は遅れてきた。しかし，技術の進歩はこの壁を打ち破りつつあるように思える。

　また，コンピュータ技術の進歩の恩恵は信号処理技術の適用などにも及んでいる。特に，超音波探傷試験は高速で大量の探傷画像を扱う技術である。これらの探傷画像に信号処理を組み込もうとすると，高速なコンピュータ処理が必要であるが，これも技術の進歩で可能になってきている。

　以前に，TOFD 法の SN 比を改善する目的で，ウェーブレット解析を用いた信号処理を試みたことがある。当時は，探傷後に事務所においてポスト処理として疑わしい箇所のみに適用した。しかし，今日ではリアルタイムに現場で適用することも可能になっている。このほか，開口合成を用いた新探傷手法も，携帯型のコンパクトなものが市販されている。チャープ波（時間とともに周波数が増加または減少するような信号のことをいい，高減衰材の探傷などに活用されている）を用いた探傷なども，空中伝搬の超音波探傷などへの効果が報告されている。

　また，超音波探傷試験の解説を行う上で時々活用してきたコンピュータシミュレーションも，コンピュータ技術の進歩によるところが極めて大きい。膨

大な計算の必要な超音波探傷のシミュレーションにとって，コンピュータの大容量化と高速化は不可欠であった。

溶接において溶接施工の適性を確認するために，溶接施工確認試験が行われるように，非破壊検査においても検査の手法の適性を確認することが望まれている。この目的で，WES 2005：1986「鋼溶接部の非破壊試験方法の確認試験方法」が制定されている。

しかし，実際の溶接部で発生するような割れなどの自然欠陥を模擬して作製することの難しさがあり，また作製した欠陥の形態で評価結果が大きく異なるなどの課題のために，適用されることはほとんどなかった。超音波探傷試験の数値シミュレーション技術の発達と普及によって，コンピュータ上での非破壊試験方法の確認が大いに期待できるようになっている。

すでに，3.4 節「内在する溶接割れの検出性」で実際に発生した割れの形状を模擬してシミュレーションすることで，実際の探傷の結果とよい相関が得られることを紹介してきた。溶接部で発生する割れなどの形態のデータベース化を図っておけば，より適正な確認試験となり得よう。

また，溶接試験体を作製して非破壊試験方法の確認試験を行う場合は，試験体を切り刻んできずの実態を把握して適性を判断するのであるから，さらによい方法を検討するには再度初めからやり直す必要があるが，コンピュータ上では種々の条件を変えながらよりよい適正化を図ることができるので，効率よく確認試験ができるであろう。

ここでは，近年活用が進められ，従来の超音波探傷試験の短所を補っているフェーズドアレイ探傷法と TOFD 法について紹介する。

3.6.2　フェーズドアレイ探傷法

2.9 節「平板振動子の作り出す音場」で，池に投げ込んだ 2 つの石によって生じる波の干渉の様子を用いて音場の概要を説明した。また，ホイヘンスの原理は，隣接する無数の点音源によって生じる波が干渉して平面波を構成することを教えている。このことは，1 つの振動子を多数に分割しておいて，これらの各素子を同時に励起させると，分割する前の振動子と同様な音場が得られることを意味しよう。

このように，微小な素子を並べて，それぞれの素子を独立して励起できるよ

うにした探触子をフェーズドアレイ探触子と呼ぶ。もちろん，素子を分割したのは，それぞれの素子の励起する順番やタイミングをコンピュータで制御するためであり，このコンピュータ制御の探傷をフェーズドアレイ探傷と呼んでいる。

　フェーズドアレイ探触子にもいくつかの種類があるが，素子を一方向に分割したリニアアレイ探触子の例を用いて，代表的な電子走査方法について説明しよう。代表的な走査方法として3つの走査があり，探傷ではこれらを組み合わせて用いることが多い。数多い微小素子の中の複数の素子を組合せて励起させ，その後使用する素子を順次1個(または複数個)ごとずらせて行うリニアスキャンがある。これによって，一つの探触子を手動で走査する代わりに，超音波ビームを電子的に高速で走査できる。

　超音波の進行方向を任意に変化させるための走査方法を図3.35(a)に示している。片側の素子(図では右側の素子)から順次素子を励起させていく。最初に微小素子で励起された球面波はより遠くに達し，後から励起された球面波は近くにしか到達していない。この時の平面波は，探傷面に傾き，超音波は探傷面より斜め方向に伝搬していく。すなわち斜角探傷となる。各素子間の遅延時間を順次変えて探傷すると，順次斜角探傷の屈折角が変化し，超音波ビームの進行方向の変化を断面で観察すると，あたかも扇のように見え，セクタスキャン

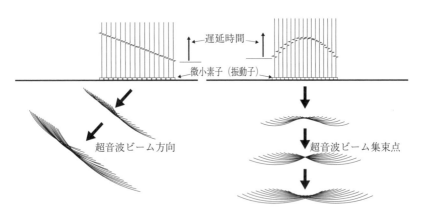

(a) 超音波ビームの偏向（斜角探傷）　　(b) 超音波ビームの集束（集束探傷）

図3.35　フェーズドアレイ探傷の電子走査の例

と呼ばれる。

図 3.35 (b) は両側の素子から順次内側に向かって素子を励起させた例を示している。一定の深さ位置でエネルギーが集中し，超音波ビームが集束するのがわかる。このときの遅延時間を変化させることで，深さ位置を変えた集束探傷を連続的に行うことができる。ダイナミックフォーカッシングと呼ばれている。

このほかに，方形振動子の縦方向および横方向に分割したマトリクスアレイ探触子や円形振動子を円周状に分割したアニュラアレイ探触子なども使われている。リニアアレイ探触子は，一方向にしか電子走査ができないが，マトリクスアレイ探触子では前後・左右に電子走査ができ，点集束にも集束できる。反面，探傷装置が 64 ch の素子数をもっていても，縦および横の素子数はそれぞれ 8 素子 ($8 \times 8 = 64$) となり，素子数が少なくなる分，電子制御に限界が生じることもある。アニュラアレイ探触子では種々の深さに点集束させる能力に優れるが，前後左右に超音波ビームを走査することはできない。

いずれにしても，各種の走査を電子的に行うので，きわめて高速で大量のデータをコンピュータに取り込んで処理できるのが，フェーズドアレイ探傷の大きな特徴の 1 つであろう。

フェーズドアレイ探傷の長所を考えてみよう。平面きずの検出性では，きずの面に，より垂直に超音波を入射させた方が，検出性が改善できることを述べた。セクタスキャンを用いることで，連続的に探傷屈折角を変えた探傷ができ，よりきず面の垂直方向から超音波を入射させて探傷することができて，検出性を改善できる。

また，きずの寸法測定に集束探傷が測定精度を改善する 1 つの有効な手段であることを述べた。ダイナミックフォーカッシングにより，深さ方向に集束位置を順次変化する探傷を行えば，従来は深さ位置により集束探触子を取り換えていた作業を連続して高速に探傷でき，寸法測定精度の改善に寄与できる。

さらに，探傷画像を監視しながら探傷できることも大きな特徴の 1 つである。従来の超音波探傷器では，オシロスコープの画面（横軸に超音波の伝搬時間を換算して求めたビーム路程を取り，縦軸にエコーの振幅値を表した探傷波形）を見ながら探傷する。しかし，発生するエコーはきずからだけでなく，金属組織によるノイズや試験片の形状によって発生する形状エコーなどがあり，探傷者の経験と技量でこれらを識別する必要があった。

もちろん，探触子位置をコンピュータに取り込んで画像化させる自動探傷探も従来からあったが，探触子位置を取り込むためのスキャナの設置が必要であり，またフェーズドアレイ探傷に比べるとはるかに少ない情報量による画像で，評価に不便なことも多かった。フェーズドアレイ探傷では，コンピュータにより構成された探傷画像をリアルタイムで見ながら探傷ができて便利である。セクタスキャンで得られる探傷画像を監視して探傷することも多い。

図3.36に，シミュレーション（Civa 2015 11.1）により作成した模擬割れのセクタスキャン画像を示している。周波数5 MHzで素子幅0.6 mmの32チャンネルフェーズドアレイ探触子を用い，きずの位置の深さ25 mm位置に焦点を作成しながら，屈折角33度から70度までのセクタスキャンを行った結果であ

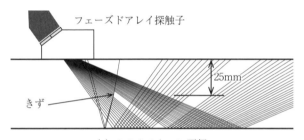

(a) セクタスキャン要領

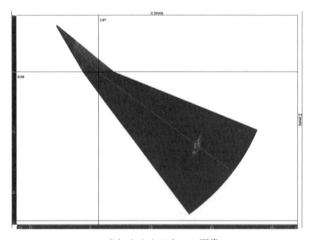

(b) セクタスキャン画像

図3.36　シミュレーションによるフェーズドアレイ探傷セクタスキャンの例

る。

　図は，屈折角を種々変化させた探傷において，各断面位置におけるエコーの振幅値をカラー表示で表している。図中にはシミュレーションに用いたきずの位置と形状も示しているが，その周辺に高い振幅値を表す表示が得られており，大変わかりやすい画像となっている。なお，この表示方法は，むしろ医療分野における胎児の超音波診断結果などでなじみのある方も多いと思う。

　すなわち，セクタスキャンにおいては，フェーズドアレイ探触子を試験体に設置しただけで試験片内部の探傷画像が得られ，例えば溶接線に平行に探触子を左右走査しただけで，溶接部の多くの部分を超音波が透過し，内部の状況を把握できるなど便利である。特に，形状が複雑で，形状エコーがきずの周辺に発生するような場合には，従来では，探傷の熟練者が探傷波形のわずかな変化を慎重に判断していたが，探傷画像を監視することで極めて評価が容易になったといえる。

　また，きずの影を画像で捉えると，きずの影を追って探触子を移動させ，最も鮮明にきずの映像を捉える位置できずの評価ができるので測定精度の向上も期待できる。

　ダイナミックフォーカッシングの効果の例を，同じくシミュレーションで見てみよう。深さ 20 mm から 150 mm の間を 10 mm 間隔で直径 1 mm の横穴を設けた試験片を想定し，5 MHz で素子間隔 1 mm の 32 チャンネルのフェーズドアレイ探触子で，垂直のダイナミックフォーカッシングを行う場合を検討した。

　図3.37に，シミュレーション結果を示す。深さ方向に順次連続的に集束位置を変えた探傷で，図は集束深さを 20 mm，50 mm，80 mm，110 mm および 140 mm としたときの探傷結果のみを示している。ビームプロファイルとともに示しているが，集束位置できずを鮮明に捉えているのがわかる。もちろん，最適の探傷領域をそれぞれ取り出して画像化させることも可能である。

　従来の凹型の振動子を用いて集束させる場合は，集束する深さ位置が固定されるので，深さ位置に応じて集束探触子を取り換えて，探傷する必要があった。このため，探触子ごとの感度調整などの時間を考慮すると大変手間の要る作業であったが，フェーズドアレイ探傷により，極めて短時間に異なる深さのより適正な画像を得ることができるようになった。

138　第3章　超音波探傷試験の実践

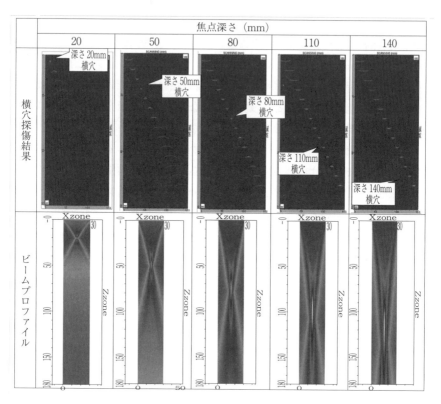

図3.37　シミュレーションによるフェーズドアレイ探傷
　　　　ダイナミックフォーカッシングの例

　フェーズドアレイ探傷法は，特定の探傷方法を指すものでなく，超音波探傷法のように，無数の探傷手法の総称である。むしろ，従来の超音波探傷（パルス反射式超音波探傷）では極めて膨大な時間を要する探傷を，電子機器を用いることで瞬時に大量のデータを取り込み，評価する方法と理解すべきである。したがって，フェーズドアレイ探傷装置を用いてどのような探傷を行うかは，対象となる検査物や，検査の目的を考慮して選択する必要がある。また装置においても，探傷手法の選択や探傷結果の表示方法において差異があるようであり，目的に応じて機種を選定することも必要であろう。

3.6.3 TOFD法

すでに述べたように，TOFD法は，板厚方向のきず高さ測定精度に優れている。さらに，探触子を溶接線に沿って直線的に走査するだけで，板厚によってはほとんどの溶接部を検査でき，探傷速度が速く経済的でもある。TOFD法が適用できれば，他の超音波探傷法はいらないようにも思えてくる。TOFD法を適用するに際しての留意点はないのだろうか。

TOFD探傷法については，古くより英国規格 BS7706：1993 Guide to Calibration and setting-up of the ultrasonic time of flight diffraction (TOFD) technique for the detection and sizing of flaws があり，広く紹介されてきている。また種々の専門書もあり参考にされたい。ここでは，溶接部の品質を考慮して適用しないと大変な思いをしてしまうことのあることをシミュレーションから紹介しておく。

図3.38は，板厚90mmで長さ500mmの溶接線中に，φ0.5mmのブローホール模擬の球状きずを18個設定し，TOFD法での探傷をシミュレーションした結果を示している（CIVA 2016ソフトによる）。TOFD法の探傷条件は，4MHzでφ10振動子による屈折角50度縦波斜角探触子を用いて，板厚の5/6の深さの75mmに交軸点を設定して行った。すなわち，JIS Z 3060：2015の付属書Ⅰの推奨条件の範囲で，板厚の1/2より深い範囲を対象として行った。

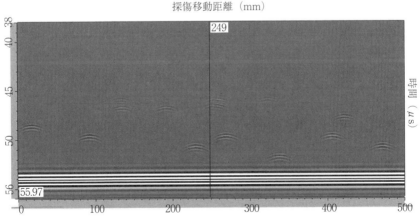

図3.38　φ0.5球状きずを18個を配した長さ500mm試験体(板厚90mm)の数値シミュレーションによるTOFD法Dキャン画像

きずもこの深さ範囲に設定している。

　設定したきずのφ0.5は板厚の0.56％で，放射線透過試験では検出できない可能性のあるきずである。すなわち，放射線透過試験結果において，きずはまったく存在しない溶接部であっても，TOFD法で探傷すると図のような仰々しい指示模様が得られる可能性のあることを示唆している。

　以前にBS (British Standards) 規格などを調査している折に，このようなきずを"点状きず"と称し，「小さな空孔やスラグは特徴的な円弧の像を示す。このきずの報告は一般に必要でないが，集合している場合は報告することも必要である。」との記載に気付いた。これによれば特に問題もないであろうが，判断に定量的な記述はなく，多数の指示の評価と報告を求められることも多いであろう。特に数個のブローホールが隣接している場合などの評価に意見の分かれることもあり，わずらわしい作業に専念する必要が生じる。

　もちろん，このように大きな仰々しい円弧状の指示を描くのは，1回の走査で広い領域を探傷できるように，鈍い指向性の探触子を高い探傷感度で使用しているためである。**図3.39**に，交軸点近傍の音場のシミュレーション結果を示している。ほぼ，板厚の半分より深い領域を高い音圧でカバーしているのがわかる。

　また，広い領域を探傷範囲とすることは，探傷の効率にはよいが，ノイズレベルの観点では広い領域の結晶粒界からの散乱波の干渉が生じるので，ノイズ

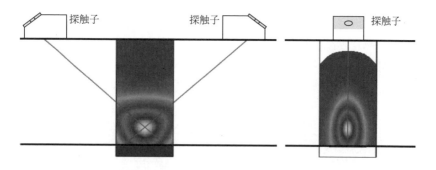

(a) 溶接線直交方向の音圧分布　　(b) 溶接線方向の音圧分布

**図3.39　球状きずのTOFD画像シミュレーション(図3.38)に用いた
TOFD法探傷条件での音圧分布のシミュレーション結果**

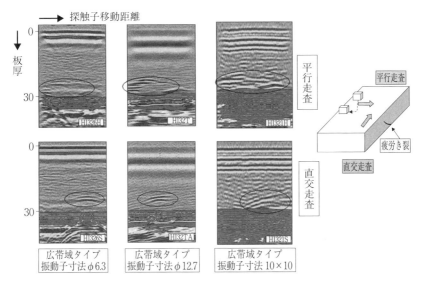

図3.40 探触子の違いによるき裂端部からの散乱波のSN比の検討例

レベルが高くなり，きずの端部の散乱波のSN比の低下をもたらす。より改善するには，パルス幅の短い広帯域の探触子の選択が有利である。単に探傷速度だけでなく，きずの端部の微弱なエコーのSN比改善のための探触子の選択も重要である。探触子の選択により探傷波形にどのような影響があるかを検討した例を図3.40に示す。

ここで，放射線透過試験はブローホールやスラグ巻込みなどの塊状きずの検出に優れ，超音波探傷試験は面状きずの検出に優れてブローホールなどの検出に劣るとの一般的な知見とまったく反対の議論をしているのに疑問をもたれる方もおられよう。TOFD法は，通常の探傷のようなきずからの反射波を捉えるのではなく，割れなどの端部で生じる微弱な回折波を捉えて評価する手法である。さらに，1回の走査で広い領域を探傷するには，時には，材料のノイズレベルに匹敵する高い探傷感度で探傷する。このために，微小なきずからの回折波をも受信することになる。逆にいえば，き裂の端部からの微弱な回折波を見落とす感度でのTOFD法では，検査の意味がなくなってしまう。

全線にわたりほとんどきずのない高品質な溶接部をTOFD法で検査することは，極めて経済的でかつ精度の高い評価が得られであろう。しかし，風のあ

る時に行われたマグ溶接などでは，内部に多数の微小ブローホールが生じて TOFD 法で探傷すると，大変苦労することもあることを認識しておくべきであろう。

第4章

放射線透過試験

放射線透過試験は，光よりさらに短い波長の放射線が直進する性質があるのを利用して，きずの存在で生じる影をフィルム上に撮影して評価する手法であることを第2章の超音波探傷試験との比較の折に触れた。ここでは，フィルム上に生じる影の濃淡に及ぼす因子をより詳細に紹介するとともに，放射線透過試験によるきずの検出性について説明する。併せてフィルムを用いない近年の動向であるデジタル化についても簡単に説明している。

4.1 放射線とは

放射線が世の中に知られたのは，1895年であり，国内では日清戦争終結の明治28年にあたる。ドイツの物理学者のレントゲン（Wilheim C.Rontgen）は，カーテンを閉めた真っ暗な部屋の中で，陰極線管を黒いボール紙で覆って管内で発する蛍光が漏れないようにしたにもかかわらず，陰極線を発生させると，テーブルの上の蛍光板が暗闇の中で光り始める現象を発見した。未知なる放射線が陰極線より放出されて，遠くの蛍光版を光らせていると考え，未知の線としてX線と名づけた。

その後，X線の研究に1人で没頭して，その年のうちに報告書をまとめている[1]。この報告書の中には，蛍光板から発する光の強度は，X線の発生源から蛍光板までの距離の2乗に反比例することや，X線は1,000頁の本でも透過するが，1.5mm厚の鉛板ではほとんど遮断されること，あるいはX線は写真看板を感光させ，写真看板上に手を置いてX線を照射すると骨の写真が取れる

144　第4章　放射線透過試験

ことなども含まれていたという。まさに放射線透過試験の基礎が形作られていたといえよう。

　手の骨の透過写真が撮られたように，放射線は肉眼で見ることのできない内部の状態を監視する手段として，放射線の医療への関心が発見当初からもたれていたことが伺える。100年以上経過した今日では，毎年の定期健康診断で，胸部X線検査を受診している。自分の胸部が撮影されたフィルム（現在ではデジタル画像が主流のようであるが）を見せられた方もおられよう。素人からは，肋骨が白く写っているのに気をとられる。

　線源から照射されたX線は，胸部を透過してフィルムを感光する。肺などの臓器部に比べて，X線が肋骨を透過するときにより大きなX線の減弱が起こり，フィルムに至るX線の強度は低下する。このために，骨部は白くフィルム上に写し出される。

　肺が結核やがんに侵されると，侵された部分のX線の減弱が健全部より大きくなり，白い影として写し出される。一方，肺気腫などに侵されると，空気が多くなり，減弱は健全部より小さくなり，フィルム上で黒い影を作る。このように，肺結核などの胸部の異常を早期に検知でき，人類の寿命の延伸にも大きく貢献してきた。

　同時に，工業界に活用して，ボイラーなどの破壊事故の防止に役立てようとの機運が盛り上がる。ただし，厚い鉄板にX線を透過させるには，より強いX線を照射する装置の開発が必要であった。X線が発見されてから18年後の1913年に高真空熱陰極X線管が開発され，その18年後にはASMEのボイラーコードに溶接部のX線検査の規格が加えられている[2]。これらより，いかに構造物の内部の検査に関心が寄せられ，急速に実用化が計られたかが推察される。

　なお，米国の非破壊試験学会が創立されたのは1941年であり，放射線透過試験が中心で，名称もThe American Industrial Radium and X-ray Societyと名づけられている。

　一方，X線が発見されて以降，放射線を発している物質として，ウラン，ポロニウムやラジウムが次々と発見されている。1989年に物理学者ラザフォード（Ernest Rutherford）が，2種類の放射線がウランから出ていることを発見して，弱い方をα線，強い方をβ線と名付けた。また，1900年に化学者で物

理学者のヴィラール (Paul U. Villard) はウランから放出されている第3の強い放射線を発見している。この放射線は，α線やβ線を名付けたラザフォードによってγ線と1903年に名付けられた。

また，中性子線も1928年頃から始められた物理学者ジャン・キューリー (Jean F. Curie)，イレーヌ・キューリー (Irene J. Curie) 夫妻のα線をベリウムに衝突させる実験で発見されている。

すなわち，放射線には，これらのX線，α線，β線，γ線や中性子線などの多くの種類がある。これらは，粒子の高速の流れであるα線，β線や中性子線などの粒子線と，X線やγ線の電磁波に大別される。電磁波とは，空間の電場と磁場の変化によって形成される波(波動)であり，光や電波なども電磁波の一種である。

コラム 放射線の強さと超音波の音圧

レントゲンの報告書に放射線の強さは距離の2乗に反比例するとあったが，超音波探傷試験の項を読まれた方は疑問に思われるかもしれない。超音波ビームの広がりによる拡散減衰は遠距離音場において距離に反比例することを紹介した。放射線の強さは，距離が2倍，3倍 $\cdots$ になるにつれて，$(1/2)^2$ 倍，$(1/3)^2$ 倍 $\cdots$ となる。これに対して超音波の音圧は $1/2$ 倍，$1/3$ 倍 $\cdots$ となる。

この違いは，両者で異なる減衰の仕方をするのではなく，単に測定している物理量の違いに起因している。すなわち，放射線の場合はエネルギーで測定しており，超音波探傷試験は音の圧力である音圧で測定している。すなわち，音による圧力の大気圧からの変動分であり，単位はPaである。超音波エネルギー E_U は，音圧 P の2乗に比例する。比例定数を c として式に示すと次のようになる。

$$E_U = c \cdot P^2 \cdots\cdots\cdots\cdots (1)$$

一方，遠距離音場で，音圧 P は距離 x に反比例するので，比例定数 a として次式で表される。

$$P = a/x \cdots\cdots\cdots\cdots (2)$$

(2)式に(1)式を挿入して次式が得られる。

$$E_U = (c \cdot a^2)/x^2 \cdots\cdots\cdots (3)$$

c も a も定数であり，これらの積も定数となり，超音波探傷試験の測定量をエネルギーで表現すれば，放射線透過試験と同様に，距離の2乗に反比例する

ことがわかる．もし超音波探傷試験も，超音波エネルギーを感じるセンサがあって，エネルギーを測定量としていれば，距離に対する減衰の表現は，放射線透過試験と同じになっていたであろう．

これらの放射線の中で，放射線透過試験として利用されているのは，X線，γ線と中性子線である．この中で，中性子線はロケットの燃料など，比較的原子番号が小さく，水素元素を含む材料の特殊な撮影に用いられることがあるが，溶接部の検査には，X線とγ線が用いられ，本書ではこのX線とγ線について解説する．**図4.1**に放射線の分類を示している．

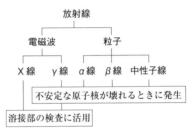

図4.1　放射線の分類[3)]

4.2　放射線透過試験の原理

4.2.1　基本的な原理

先に述べた，定期健康診断で受ける胸部X線検査の説明からも，放射線透過試験の概要を理解いただけると思うが，改めて原理図を示すと，**図4.2**のようになる．均一な材料中を透過した放射線の線量率は板厚に依存するので，材料中に引け巣やブローホールなどの空洞が存在すると，健全部ときず部で板厚差が生じ，透過する放射線の量に差が生じる．

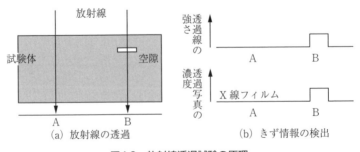

図4.2　放射線透過試験の原理

透過した放射線をフィルムに感光することで，図4.2(b)のように，きずの平面的情報を撮影することができる。材料中に異材が混入している場合も，材質によって放射線の透過量が異なるので，これを検知できる。したがって，きずの検出性を改善するには，フィルム上における健全部ときず部のフィルム濃度差が大きく鮮明になるように心がければよいことになる。

4.2.2　放射線の減弱

　放射線が物体を透過するときに，物体との相互作用（光電効果，コンプトン効果，トムソン効果や電子対生成など）の結果，次第に弱くなる。波長が一定で，細いX線束を考えると，板厚Tの材料を透過したX線の線量率Iは次式で表される。

$$I = I_0 e^{-\mu T} \quad \cdots\cdots\cdots\cdots\cdots (4.1)$$

　ここで　I_0：入射X線の線量率
　　　　　μ：減弱係数

自然対数を用いてあらわすと次式が得られる。

$$\ln I = \ln I_0 - \mu T \quad \cdots\cdots\cdots\cdots (4.2)$$

ここで，I_0を1とおいて，相対線量率としてあらわすと次式となる。

$$\ln I = -\mu T \quad \cdots (4.3)$$

　減弱係数が$0.5\mathrm{cm}^{-1}$，$1.0\mathrm{cm}^{-1}$と異なる場合の(4.3)式の関係を図示すると，**図4.3**が得られる。直線の傾きが$-\mu$（μ：減弱係数）となる。ここで，健全部の板厚ときず部の板厚

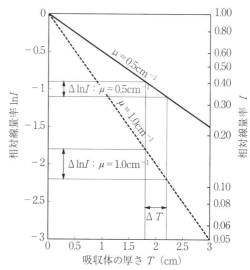

図4.3　波長が一定で細いX線束を考慮した場合の減弱の様子

の差を ΔT とすると，健全部ときず部を透過する放射線の相対線量率 $\ln I$ の差 $\Delta \ln I$ は減弱係数が大きいほうが大きくなることがわかる．すなわち，フィルムに濃度差をつけやすくなって，きずを検出しやすくなる．

また，ΔT の板厚差が存在するときの線量率の差 $\Delta \ln I$ は，減弱係数 μ を用いて次式で表されることも理解できよう．

$$\Delta \ln I = \mu \Delta T \quad \cdots\cdots\cdots\cdots (4.4)$$

一方，減弱係数 μ は，試験体の材質や放射線のエネルギーによって異なる．5種類の材料について，X線のエネルギー ε と減弱係数 μ の関係を**図4.4**に示している．各材料の減弱係数は，放射線エネルギーがあまり大きくない領域では一般に放射線エネルギーが高くなると小さくなる傾向にある．すなわち，この領域においてはより低いX線エネルギーの線源を用いたほうが，減弱係数は大きく，健全部ときず部における相対線量率の差を大きくして，きずの検出性の改善に寄与できるのがわかる．

材料で比較すると，鋼に比べてアルミニウムの減弱係数は小さく，鋼と同等のきずの検出性を確保するには，鋼の場合より低いX線エネルギー（軟X線）

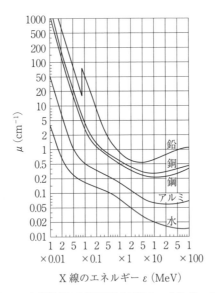

図4.4　各種物質の減弱係数とX線のエネルギーの関係

での照射が必要であることがわかる。鉛は減弱係数が大きく，放射線を遮蔽するには適している。

また，さらにX線エネルギーが大きくなり，例えば鋼の場合では，約7.5 MeVで減弱係数は極小値を示している。このような高いエネルギーのX線は，通常の数十ミリの厚さの構造物の検査には特に必要はないが，板厚が例えば200 mmとか300 mmなどの極厚の構造物の検査には必要となり，分厚いコンクリートで放射線を遮蔽した照射室に構造物を運び込んで試験が行われる。

ただし，ここでは，波長が一定で，細いX線束を前提に議論してきた。X線装置から照射されるX線束の波長分布は，連続スペクトラムをもつ。すなわち，加速電子がターゲットに衝突して減速し（エネルギーを失い），エネルギー保存の法則に従って失ったエネルギーに相当するエネルギーをもったX線を発生するが，加速電子の減速のされ方は一様ではないので，連続したエネルギーのX線束となる。エネルギーと波長との間には次式の関係があるから，エネルギーの高いX線は波長が短くなり，エネルギーの低いX線ほど波長が長くなる。結果としてX線束の波長は連続したスペクトラムをもつようになる。これを白色X線または連続X線と呼んでいる。

$$\varepsilon = \frac{hc}{\lambda} \qquad (4.5)$$

ここで，　ε：X線（光子）のエネルギー

　　　　　h：プランクの定数（6.62×10^{-34} J・sec）

　　　　　c：光の速度（3.00×10^{8} m /s）

　　　　　λ：波長

では，連続した波長スペクトラムをもつX線の場合の減弱係数はどのようになるのであろうか。**図4.5**の曲線Aは管電圧50 kVで発生したX線のエネルギースペクトラムであり，これに対して曲線B，Cはそれぞれ0.1 mmおよび0.3 mmの鋼板を透過したX線のスペクトラムである。これよりX線は物質を透過するときに，よりエネルギーの低い領域ほど物質に吸収されて線量率が低下することがわかる。

すなわち，連続した波長スペクトラムを持つ白色X線は，エネルギーが連続して異なるX線の集まりであり，物質を透過するときに減弱係数の大きな

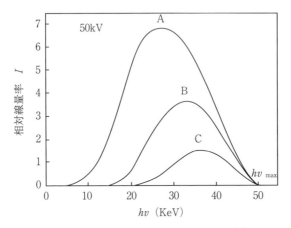

図4.5 吸収による白色X線スペクトルの変化

低いエネルギーのX線のほうが減弱の度合いが大きくなる。このために，単色X線の場合に示した，相対線量率 ln$I$ と板厚 T の直線関係（図4.3）は見られなくなり，**図4.6** の実線で示すように，より板厚が薄い領域の曲線の勾配が急になる。すなわち，曲線の勾配で表される $-\mu$（μ：減弱係数）は板厚により異なり，板厚が薄いほど減弱係数が大きくなる。

なお，図4.6の実線は，散乱X線の影響を受けない場合の減弱曲線を示している。例えば，**図4.7** (a) のように，試験体（吸収体）をフィルムから遠ざけて，放射口に取り付けた鉛製絞りに密着させて撮影した場合である。原子核，軌道電子や自由電子などとの相互作用で発生する散乱線は照射方向に対して斜め方向に作用するので，フィルムには前方に直進した透過X線が強く作用する結果となる。

一方，図4.7 (b) に示す実際の撮影配置のように，フィルムを入れたカセットに試験体（吸収体）を密着させた場合には，試験体中で発生した散乱線もフィルムを照射することになる。すなわち，(a) 図で求めた透過X線だけによる線量率に散乱線による線量率が加わって，線量率線は点線のようになる。
板厚 T における両曲線の勾配を比較してみよう。明らかに散乱線の影響が加わった点線の場合の方が勾配は緩やかになる。すなわち，きずによる板厚差で生じる線量率の差が小さくなることを意味し，散乱線はきずの検出に好ましくないことがわかる。

なお，板厚 T における透過 X 線のみによる実線の値を I_b とし，散乱線の影響も加わった点線の値を I_a とすると，散乱 X 線による線量率 I_s は $(I_\mathrm{a}-I_\mathrm{b})$ となる。ここで I_b に対する I_s の比を散乱比：n と呼んでいる。散乱比は板厚が厚いほど大きくなることも図から理解できよう。

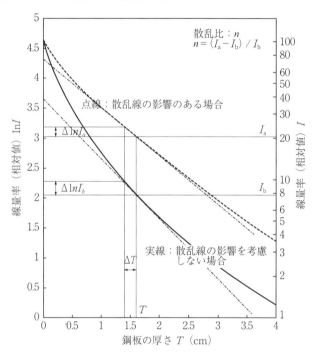

図4.6　散乱線の影響を含む場合と含まない場合の線量率曲線

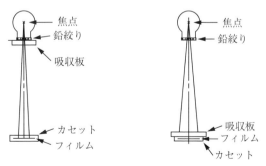

(a) 散乱線の影響を受けない撮影配置　　(b) 散乱線の影響の強い撮影配置

図4.7　散乱線の影響を検討するための撮影配置

コラム　手荷物用X線検査装置

　放射線が安心安全に寄与している分野に，今回紹介している非破壊検査分野があり，また医療分野がある。この他にも，テロ防止や密輸摘発などのセキュリティ分野がある。空港に並んだ手荷物用X線検査装置をご覧になった方も多いと思う。最近では，コンテナの輸出入の増大から，コンテナ車を丸ごと透視する施設も各税関に作られ活躍している。

　これらの機能の詳細の多くはセキュリティの関係から公開されないのが一般であるが，図4.4に示すような放射線エネルギーによって物資の減弱が変化することもセキュリティ分野に活用されている。すなわち，高エネルギーX線と低エネルギーX線の減弱から見かけの原子番号 Z_{eff} を求めて，有機物，無機物，中間物や識別不能などの分類をカラー表示する。特に，爆発物には注意が注がれ，枠で囲むなど検査員のより確実な判断を確実にするための工夫もされている。

　写真は，空港手荷物検査装置の例と，材質識別サポートの例を示している。

 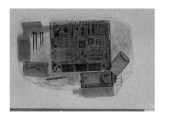

　　　空港手荷物検査装置の例　　　　材質識別サポート機能の例

参考文献
・森田　幹：空港手荷物用X線検査装置，IIC REXIEW/2006/10. No.36　pp.59-62

4.2.3　健全部ときず部でのフィルム濃度差

　散乱比のことはしばらく置いておくこととして，散乱線の影響のない場合の健全部ときず部におけるフィルム濃度差について考えてみる。健全部の板厚 T

に対して，十分に小さな板厚差 ΔT のきず部が存在する場合について考える。
図4.8 は，図4.7から散乱線の影響のない場合のみの関係を抜き出したものである。板厚 T における線量率 $\ln I_T$ と，きず部の板厚 $T-\Delta T$ における線量率 $\ln I_{(T-\Delta T)}$ との差 $\Delta \ln I$ は，減弱曲線の板厚 T における接線の傾き（減弱係数 μ に -1 を掛けた値）と ΔT の積で表される（図はわかりやすくするために ΔT を大きく表しているが，あくまでも微小な量を仮定しており，ΔT の区間で実線の傾きは一定の $-\mu_T$ で表せるとしている）。

$$\Delta \ln I = \ln I_T - \ln I_{(T-\Delta t)} = -\mu \Delta T \quad \cdots\cdots\cdots\cdots (4.6)$$

この線量率差によって，フィルムにどの程度の濃度差が生じるかは，用いるフィルムの特性曲線にも大きく係わってくる。なお，係数に -1 をつけるのは，減弱曲線の傾きは負であるのに対して，減弱係数は正で表示していることによ

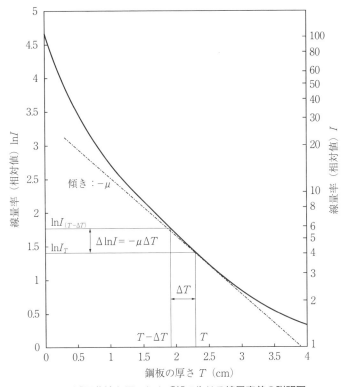

図4.8　減弱曲線を用いたきず部で生じる線量率差の説明図

る((4.1)式参照)。

図4.9にフィルムの特性曲線の例を示している。横軸にX線量Eを常用対数で示している。X線量とは，線量率と露出時間の積のことで，線量率Iのときに露出時間tでフィルムを露出したときのX線量Eは，$I \cdot t$で表される。実際の放射線透過試験の場合には，試験体の健全部を透過する線量率に対して，フィルムを所定の濃度になるまでの線量率と露出時間を求めて撮影が行われることになる。

縦軸はフィルム濃度Dを表している。フィルム濃度Dは次式で示されるように，フィルムへの入射光とフィルムを透過した透過光の強さ(輝度)の比の常用対数に-1を掛けて求められる。すなわち，フィルムがより黒くなって，より光の透過が妨げられるほど，フィルム濃度の値は大きくなる。

$$D = -\log_{10}(L/L_0) \cdots \cdots (4.7)$$

ここで，L_0：入射光の強さ(輝度)
　　　　L：透過光の強さ(輝度)

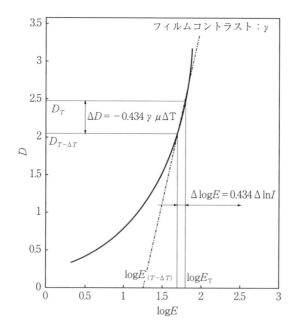

図4.9　フィルムの特性曲線を用いたきず部で生じるフィルム濃度差ΔDの説明図

X 線量 E_T におけるフィルム特性曲線の勾配を γ とすると,健全部ときず部の濃度差 ΔD は次式で表される。なお,E_T は健全部の X 線量であり,$E_{(T-\Delta t)}$ はきず部の X 線量である。

$$\Delta D = \gamma \cdot |\log(E_T) - \log(E_{(T-\Delta t)})| \quad \cdots\cdots\cdots\cdots (4.8)$$

ここで,γ はフィルムコントラストと呼ばれている。なお,ここでも図はわかりやすくするために,$\log(E_T) - \log(E_{(T-\Delta t)})$ を大きく書いているが,微小なきずを対象としており,$\log(E_T) - \log(E_{(T-\Delta t)})$ も微小となり,この間の勾配を γ とみなしている。

一方,X 線量 E は,線量率 I と露出時間 t の積であるから,(4.8)式の $|\ |$ の中を変形すると次式のようになる。ここでは,少々だるっこく書いてみる。

$$\begin{aligned}
&\log(E_T) - \log(E_{(T-\Delta t)}) \\
&= \log(I_T \cdot t) - \log(I_{(T-\Delta t)} \cdot t) \\
&= \log I_T + \log t - (\log I_{(T-\Delta t)} + \log t) \\
&= \log I_T - \log I_{(T-\Delta t)} \\
&= \log e \cdot \ln I_T - \log e \cdot \ln I_{(T-\Delta t)} \\
&= \log e \cdot (\ln I_T - \ln I_{(T-\Delta t)}) \\
&= 0.434(\ln I_T - \ln I_{(T-\Delta t)}) \quad \cdots\cdots\cdots\cdots\cdots (4.9)
\end{aligned}$$

なお,図 4.8 の説明で,$(\ln I_T - \ln I_{(T-\Delta t)})$ は,板厚差 ΔT と減弱係数 μ を用いて $-\mu\Delta T$ と表されることを示した((4.6) 式)。したがって,板厚差にともなって生じる X 線量の常用対数値の差は,次式で与えられることになる。

$$\begin{aligned}
&\log(E_T) - \log(E_{(T-\Delta t)}) \\
&= 0.434(\ln I_T - \ln I_{(T-\Delta t)}) \\
\\
&= -0.434\mu\Delta T \quad \cdots\cdots\cdots\cdots\cdots\cdots (4.10)
\end{aligned}$$

(4.10)式を(4.8)式に代入すると,微小きずで得られるフィルム濃度差 ΔD は次式で与えられる。

$$\begin{aligned}
&\Delta D = \gamma(\log E_T - \log E_{(T-\Delta t)}) \\
\\
&= -0.434\gamma\mu\Delta T \quad \cdots\cdots\cdots\cdots\cdots (4.11)
\end{aligned}$$

なお,(4.11)式は,明確な板厚差が存在し,かつ散乱線を無視した場合のフィ

ルム上での濃度差を表している。実際に行われている放射線透過試験においてはさらに考慮すべき因子がある。1つは散乱線の影響である。図4.6に散乱線の影響を示しているが，減弱曲線の傾きは明らかに散乱線の影響で小さくなる。このことは，(4.11)式よりも濃度差がより小さくなることを意味している。

　また，線源の1点から放射状に放射線が出ていれば，(4.11)式に散乱線の影響を考慮して濃度差を求めればよいが，実際には線源は焦点寸法を持っている。この焦点寸法が大きかったり，きずの位置とフィルム間の距離が大きかったりするときずの影には半影が周辺に生じて像が少しボケることになる。きずが小さかったりすると，真影がなくなり，半影だけになってきずの濃度が低下する。したがって，きずの形状によって補正が必要になる。これらを考慮して，(4.11)式を補正して，濃度差は次式で表されている。

$$\Delta D = -0.434 \frac{\gamma \mu \sigma}{(1+n)} \Delta T \quad \cdots \cdots \cdots (4.12)$$

　ここで，σ は幾何学補正係数で，n は散乱比である。

　前式より，濃度差を大きくしてきずの検出性を改善させるには，フィルムコントラスト γ，減弱係数 μ や幾何学補正係数 σ を大きくして，散乱比 n を小さくすれば良いことがわかる。γ を大きくするには，後に述べるように高コントラストのフィルムを選べばよい。μ を大きくするには，エネルギーの小さい放射線を用いればよい。σ をより1に近づけて大きくするには，焦点寸法の小さな線源を用いること，およびきず部をフィルムに近づけるとともに，焦点とフィルム間の距離を大きくとることが効果的である。

　散乱比 n は，板厚が厚くなると大きくなる傾向がある。また，照射面積が広くなると大きくなるので，窓枠を設けた遮蔽板を用いて，窓枠内だけを撮影するようにすることで，散乱比を小さくし，像質を改善できる。

　また，余盛のある状態での撮影と，余盛を除去した後の撮影を比較すると，きず部と健全部との濃度差 ΔD は余盛を削除した場合の方が大きくなる。母材部のより薄い部分からの散乱線が余盛部のより厚い部分に影響し，かぶりが生じて散乱比が大きくなるためである。薄い部分に板厚差に相当する分の肉厚補償マスクを用いて，母材部と溶接部の線量をより均一化することで散乱比を低減して検出精度を向上できる。

溶接金属にハステロイなどを用いる9%Ni鋼溶接部などの異材継手では，材質によって放射線の透過の度合いが大きく異なる。このために，余盛高さが異常に高い溶接試験体のように，散乱線の影響を無視できなくなり，肉厚補償マスクが用いられることがある。

しかし，これらの濃度差を大きくするための多くの改善方法は，フィルムの露出時間をより長くさせ，作業効率を悪くする。工業的に許容できる作業条件内でより適した放射線透過試験方法を選定することが重要である。

4.2.4　フィルムの観察(最適フィルム濃度)

きず部と健全部との濃度差ΔDは，照射時間をより長くしてフィルム濃度を濃くしたほうがより大きくなる。しかし，フィルムの観察はシャーカステンの上にフィルムを置き，フィルムに光線を通して行われる。人の目が識別できる濃度差$\Delta D_{min.}$はフィルム濃度の増加につれて急激に大きくなる。すなわち，識別するにはより大きな濃度差が必要になる。これを模式的に図4.10に示している。これより，きずの検出性を改善するためには最適フィルム濃度が存在することがわかる。したがって，JISなどの多くの規格でフィルム濃度範囲を規定している。

なお，フィルムの観察は暗室で行う必要がある。明るい場所での観察は散乱光によって検出精度を悪くする。またシャーカステンの光度は明るめのものでよりフィルム濃度の大きいフィルムを観察した方が検出精度は向上する。

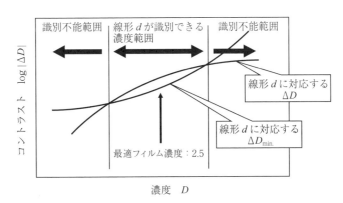

図4.10　線径dの透過度計の針金像が識別できるためのフィルム濃度の条件

4.3 放射線透過試験に用いる主な道具

レントゲンがX線を発見し，すぐに手の骨を撮影したように，線源とフィルムとの間に試験体を置けば撮影ができる。より定量的な評価ができるように透過度計や階調計などの標準試験片が用いられ，さらに増感紙やカセットやフィルムマーカーなどの補助機材が使われる。代表的なものについて説明する。

4.3.1 放射線源

現在，溶接構造物の放射線透過試験としては，X線とγ線が用いられる。X線を発生させるには，真空中で電子を加速させて，高速で金属ターゲット（標的）に衝突させて，運動エネルギーの一部をX線に変換させて行う。

X線源には，管電圧10〜100kVの軟X線装置，管電圧100〜300kVの可搬式のX線装置，板厚50〜80mm程度の鋼材に用いられる管電圧400kV程度のX線装置，さらに極厚の構造物には，1〜15MeVのライナックやベータトロンの高エネルギーのX線装置が用いられる。高エネルギーのX線装置は分厚いコンクリートで遮蔽された照射室に設置され，試験体を照射室に搬入して撮影が行われ，300〜500mmといった極厚のものに対しても十分な検査能力を備えている。

図4.11には携帯式X線装置の例を，図4.12には放射線遮蔽建屋に設置されたライナックの例を示している。

図4.11　携帯式X線装置の例
(RIGAKU RADIOFLEX 200SPS)

図4.12　照射室で稼働中の0.95MeVライナック(IIC製HEXTRON 1)

γ線を用いた放射線透過試験は，原子炉で比較的安価に製造される放射性同位元素（ラジオアイソトープRI）を用いて行われる。主に ^{192}Ir や ^{60}Co が用いられる。X線装置は電源を投入しない限りX線が照射されることはないが，放射性同位元素は常にγ線を放出し続けている。このために，使用しない場合は鉛やタングステン容器で作られた遮蔽容器に隔離して外部にγ線の漏れが生じないようにしておき，必要な時に放射性同位元素を遠隔で取り出すためのγ線照射装置が必要となる。また，放射性同位元素によって周囲を汚染することのないように，γ線源は金属カプセルに密封されている。

また，常に放出されるγ線の強さは，時間とともに弱まってくる。ある時点の放射線の強さが1/2になるまでの時間を半減期と称している。^{60}Coの半減期は5.2年と長いが，^{192}Irは75日と短い。γ線の強さの低下は，撮影時の露出時間に影響を及ぼす。なお，日本国内では放射性同位元素の移動に関して厳しい規制があり，現地の検査への適用には制約がともなうようである。**図4.13**にγ線照射装置の例を示す。

図4.13　γ線照射装置の例（ポニー工業PI-104H）

4.3.2　フィルム

溶接部の検査に用いられる工業用X線フィルムには，青色に着色されたポリエステルベースの両面に厚さ $10 \sim 15\mu m$ 程度の感光性乳剤を塗布し，さらにその上に保護膜を塗布したものが用いられる。**図4.14**に工業用X線フィルムの構造を模式的に示している。なお，感光性乳剤はフィルムベースの両面に塗布し，感度とコントラストを倍増するようにしている。

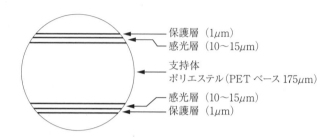

図4.14　工業用X線フィルムの構造

　かつての写真フィルムにISO感度(露光指数)の異なる種々のフィルムがあったように，工業用X線フィルムにも感度の異なるものが種々市販されている。
　写真フィルムと同じように，フィルムの感度の高いものほどフィルムの粒状性が粗くなる性質がある。かっての写真撮影において，暗い場所や動いているものを撮影する場合に，長すぎる露出時間を短くするために，ISO感度の高いフィルムを用い，より繊細な撮影を行う場合にはISO感度の低いフィルムでゆっくりした露出時間で撮影した記憶がある。放射線透過試験においても目的に応じて使用するX線フィルムを使い分けている。
　写真フィルムは効率よく光を吸収するのに対して，放射線は透過力が強いので乳化剤に吸収されにくい。より効率よく放射線をX線フィルムに吸収させるために増感紙が用いられる。すなわち，2枚の増感紙の間にX線フィルムをサンドウィッチのように挟み込んで使用する。
　増感紙には金属箔増感紙，金属蛍光増感紙や蛍光増感紙がある。金属箔増感紙は台紙に金属箔が張り付けられており，鉛箔を用いることが多い。X線が照射されると2次電子が放射され，2次電子によってもフィルムを感光できる。また，フィルムに斜め方向に入射する散乱線は金属箔により減衰される度合いが大きいので，散乱線の悪影響を軽減する効果ももっている。
　蛍光増感紙はX線を受けて発光する蛍光物質を台紙表面に塗布したもので，蛍光物質としてタングステン酸カルシウム（$CaWO_4$）が用いられる。スペクトル感度が一致した蛍光増感紙用のフィルム(スクリーン形フィルム)と組み合わせて，露出時間を大幅に低減でき，人体への被ばくを極力低減する必要のある医療に多く用いられた。

4.3.3　像質の確認用の標準試験片

　放射線透過試験が超音波探傷試験などの他の検査方法と比較して大きく異なる長所に，透過度計や諧調計を試験体に置いて同時に撮影して，適正な撮影が行われたことを確認できることがあげられる。

　透過度計は，JIS Z 2306：2015「放射線透過試験用透過度計」に針金形透過度計，有孔形透過度計や有孔階段形透過度計が規定されている。針金形透過度計には一般形と帯形の2種類があるが，異なる線径の針金を太さの順に合成樹脂などの放射線の吸収が小さい材料に収納したものであり，フィルム上で識別できた最小の線径(識別最小線径)が求められる。

　図4.15に，一般形の針金形透過度計の構造の例を示している。一般形は7本の異なる直径の針金で構成されている。図の右上にある記号は透過度計の呼び番号で，最初の04は，組合わされている針金の最も太い針金の直径が0.4mmであることを示している。次のFは，針金の材質を示し，鉄線やピアノ線などが使用されていることを示し，質量のほぼ等しい炭素鋼や低合金鋼用の透過度計であることを示している。

　階調計は板厚差によるフィルム濃度の差異を規定するためのものである。JIS Z 3104：1995「溶接継手の撮影方法及び透過写真の必要条件」には板厚

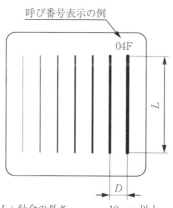

L：針金の長さ　　　　　10mm 以上
D：針金の中心間距離　 04Fの場合は3mm

図4.15　一般形の針金形透過度計の構造の例

162 第4章 放射線透過試験

1mm で 15 × 15mm のもの(15形)，板厚 2mm で 20 × 20mm のもの(20形)および板厚 4mm で 25 × 25mm (25形)のものを規定している。原則として母材部のフイルム側におき，諧調計の中心付近で得られるフィルム濃度と，諧調計近傍の母材部で得られるフィルム濃度が比較される。

4.3.4 観察器

フィルムに光を通して観察するための観察器は，JIS Z 4561：1992「工業用放射線透過写真観察器」に規定されている。これによれば，青板ガラス，乳白色の樹脂板などによって輝度が均一化できる光輝面を備え，透過写真を観察するために内部からの光が観察面だけから照射される構造を基本としている。

光源としては，昼光色または白色の蛍光ランプ (JIS C 7601)，反射形投光電球 (JIS C 7525)，ハロゲン電球 (JIS C 7527) またはこれらと同等以上のものとし，観察面中央の輝度に応じて**表4.1** に示す4種類に分類している。

表4.1　観察器の種類

種類	観察面中央の輝度 cd/m^2
D10 形	300 以上　3000 未満
D20 形	3000 以上　10000 未満
D30 形	10000 以上　30000 未満
D35 形	30000 以上

4.4　放射線透過試験の実践

4.4.1 撮影配置

放射線の強さは距離の2乗に反比例して弱くなるので，線源からフィルムまでの距離を短くした方が短い露出時間で撮影ができる。しかし，フィルムに直交する方向に試験体を透過する厚さと，斜め方向に試験体を透過する厚さに大きな差が生じてフィルムに濃度差が生じる。さらに，線源には焦点寸法を持っているために，きずの半影が生じてボケが生じやすい。

ボケを生じさせないで鮮明な透過写真を得るには，焦点寸法の小さい線源を用い，線源と試験体までの距離を大きく取り，試験体にフィルムをできるだけ密着させて撮影すればよいことが理解できよう。このため，それぞれの規格に

おいて撮影時の撮影配置を規定している。

図4.16に突合せ溶接継手の撮影配置の例を示している。JIS Z 3104：1995「鋼溶接継手の放射線透過試験方法」では，付属書1に規定があり，線源とフィルム間の距離 ($L_1 + L_2$) と試験部の線源側の表面とフィルム間距離 (L_2) の比，および線源と試験部の線源側表面間の距離 L_1 と試験部の有効長さ L_3 の比を規定している。

すなわち，($L_1 + L_2$) は L_2 の m 倍以上で，L_1 は L_3 の n 倍以上であることとし，m および n を**表4.2**のように規定している。ここでA級とB級と称しているのは，以前は特級および普通級としていたのを言い改めたもので，B級のほう

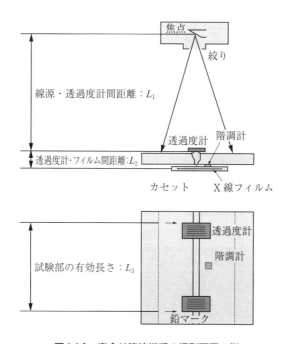

図4.16 突合せ溶接継手の撮影配置の例

表4.2 係数mおよびnの値（JIS Z 3104：1995）

像質の種類	係数 m	係数 n
A級	$2f/d$ または 6 のいずれか大きい方の値	2
B級	$3f/d$ または 7 のいずれか大きい方の値	3

f：線源寸法
d：規定された透過度計の識別最小線径（図4.27）

が像質をより厳しく規定している。

なお，溶接部の有効範囲(評価の対象範囲)が使用する透過度計の幅の3倍を超える場合には，試験部の有効長さの両端付近に溶接継手部をまたいで透過度計の最も細い線が位置するようにして，透過度計を置くこととしている。

図4.17に突合せ溶接継手の撮影状況の例を示している。

JIS Z 3104：1995「鋼溶接継手の放射線透過試験方法」では，円周継手の撮影方法についてを付属書2で，また鋼板のT溶接継手の撮影方法についてを付属書3で規定している。

配管の円周継手では，線源を配管の内部に設置し，フィルムは配管の外表面

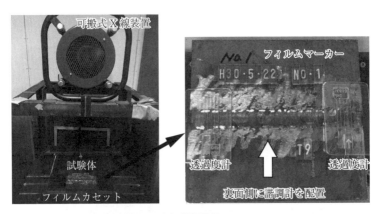

(a) 撮影状況

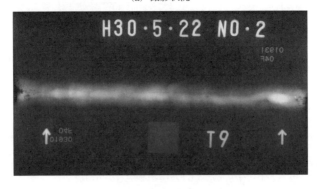

(b) 放射線透過写真の例

図4.17　突合せ溶接継手の撮影状況の例

に沿わして設置する内部線源撮影方法，線源を配管の外部において，フィルムを配管内面に沿わして設置する内部フィルム撮影方法がある。これらの撮影方法では，突合せ溶接継手と同じように，放射線はそれぞれ配管の管壁を1度だけ透過してフィルムを露出する。

内部線源撮影方法の撮影配置図を**図4.18**に，また内部フィルム撮影方法の撮影配置図を図4.19に示す。なお，内部線源撮影方法には，(a)図に示すよう

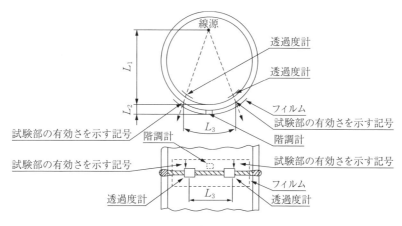

(a) 分割撮影

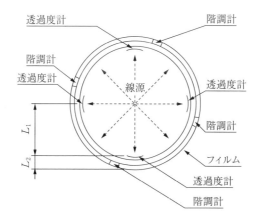

(b) 全周同時撮影

図4.18　内部線源撮影方法

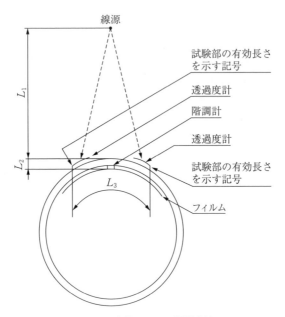

図4.19　内部フィルム撮影方法

に，配管の全周を分割して撮影する方法と，(b) 図に示すように線源を配管の中央に配置して全周方向に照射して1度に全周を撮影する方法がある。

　これに対して，線源およびフィルムともに配管外部に設置して，放射線を管壁に2度透過させて撮影する方法がある。配管の内部にアクセスできないパイプラインなどの検査はこの方法による必要がある。このとき，管軸の垂直方向から放射線を透過すると，線源側の溶接部とフィルム側の溶接部が2重に写るので，斜め方向から照射して，溶接部がフィルム上で楕円形に写るようにして撮影する。

　フィルム側の管壁にある溶接部はフィルムにほぼ密着するが，線源側の溶接部はフィルムと離れて位置することになる。線源の焦点寸法によってはボケが生じることになる。このために，フィルム側の溶接部のみを検査対象とする二重壁片面撮影方法と，線源側及びフィルム側の溶接部の両方共に検査の対象とする二重壁両面撮影方法に分けて規定されている。

　図4.20 に，二重壁片面撮影方法の配置図を，また図4.21 には，二重壁両面撮影方法の配置図を示している。

4.4 放射線透過試験の実践　167

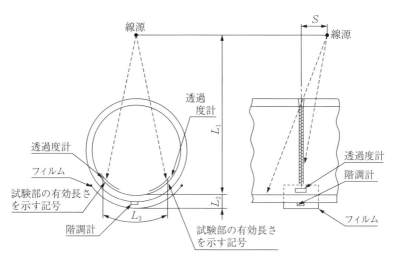

図4.20　二重壁片面撮影方法

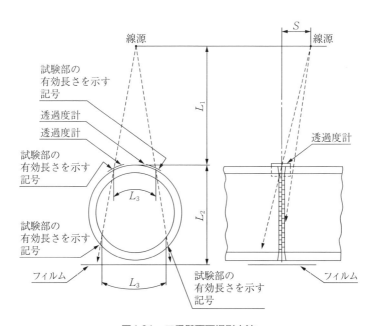

図4.21　二重壁両面撮影方法

附属書3にあるT溶接継手の撮影要領を模式的に**図4.22**に示す。このとき，溶接部の位置によって放射線が透過する厚みが大きく異なることになる。このために，**図4.23**のように肉厚補償用くさびを用いて，厚み変化を軽減して散乱比を小さくするように規定されている。ただし，T1材の厚みが薄い場合には，肉厚補償用くさびを使用しなくてもよい例外を定めている。

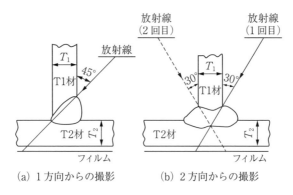

図4.22 T溶接継手の放射線の照射方向および照射角度

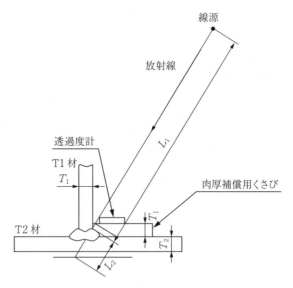

図4.23 肉厚補償用くさびを用いたT溶接継手の撮影配置図

4.4.2 放射線透過試験の撮影

　放射線透過試験の実施に当たって，放射線の露出条件を決定しなければならない。露出条件の決定には**図4.24**に例を示すような露出線図が一般に用いられる。露出線図は装置メーカーでも提供してくれるが，使用する装置ごとに作成するのが原則である。

　図の例では，図中に示してある条件（X線フィルムにIX100を用い，鉛箔0.03mmの増感紙を用いて焦点フィルム間距離を600mm）でフィルム濃度1.5を得るのに必要な鋼板の板厚と露出量の関係をそれぞれの管電圧に対して表し

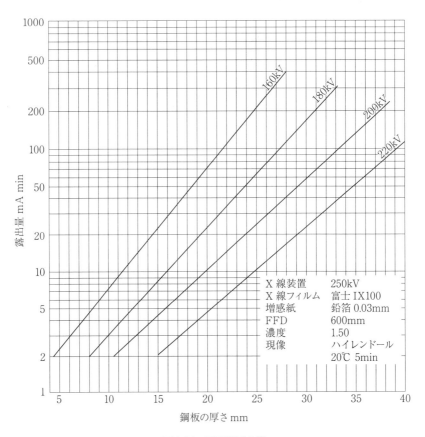

図4.24　露出線図の例

170   第4章　放射線透過試験

ている。露出量は管電流と露出時間の積で表される。すなわち，同一の管電圧においては，管電流と露出時間の積が同一であれば，フィルム部での線量率は等しいことを意味している。なお，露出量を示す縦軸は対数表示になっている。

　例えば，管電圧200kVで板厚19mmの鋼試験体を撮影する場合，露出量を8.8mAminとすれば濃度1.5のフィルム濃度が得られることを図から読み取れる。すなわち，管電流が1mAの場合，8.8分の露出時間とすればよいことがわかる。

　なお，試験体の照射に際しては，放射線被爆に十分留意する必要がある。放射線防護には以下の三原則が重要である。

　(a)放射線源との距離を大きくする。

　(b)被爆時間をできるだけ短くする。

　(c)放射線源と人の間に遮蔽物を置く。

　また，「電離放射線障害防止規則」などの法令を遵守する必要があることはいうまでもない。

　撮影の終わったフィルムは現像される。現像は，現像→停止→定着→水洗→乾燥の手順で行われるが，詳細は省略する。

4.4.3　フィルムの観察

　現像したフィルムの観察は，暗室で適切な明るさの観察器で行う必要がある。4.2.4項「フィルムの観察（最適フィルム濃度）」において，露出時間を増加して健全部ときず部の濃度差をより大きくしても，フィルム濃度が濃すぎると人の目ではむしろ識別しにくくなることを示し，きずを観察しやすいフィルム濃度があることを示した。このときの関係を用いて，適切な観察条件の設定が重要であることを紹介する。

　図4.25は，明るい部屋でフィルムを観察した場合のフィルム濃度ときずの識別性の関係を示している。フィルム濃度が薄い場合は，フィルムを透過してくる光は強いので，外部からの散乱光の影響は小さいが，フィルム濃度が濃くなるほど外部の散乱光の影響が大きくなり，フィルム濃度の濃い側のきずの識別性が悪くなる。

　図4.26は，適切な明るさの観察器に対して，より暗い観察器を使用した場合にきずの識別が低下することを示している。人の目がきずを識別するには，

フィルム濃度が濃いほどより大きな濃度差を必要とし，結果としてきずの識別性が低下する。

次に，フィルムが適切に撮影され，適切なフィルムの像質が確保されていることを確認する必要がある。JIS Z 3104：1995「鋼溶接継手の放射線透過試験方法」の付属書1の鋼板の突合せ溶接継手部では，フィルム濃度の規定の他に像質として透過度計で検出すべき針金の径である識別最小線径や，諧調計を設けた部分の板厚差に伴う濃度差を規定している。

フィルム濃度としては，A級で1.3以上で4以下を，B級で1.8以上で4以

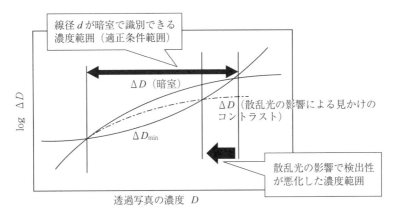

図4.25 観察を行う室内の明るさがきずの識別性に及ぼす影響の説明図

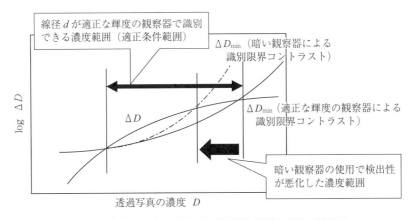

図4.26 観察器の輝度がきずの識別性に及ぼす影響の説明図

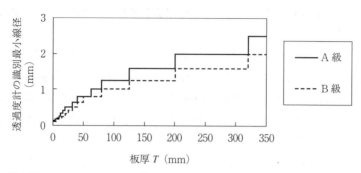

図4.27　JIS Z 3104:1995「鋼溶接継手の放射線透過試験方法」の付属書1で鋼板の突合せ溶接継手部に要求している識別最小線径

下を規定している。**図4.27**に識別最小線径の規定を図示している。A級よりB級の方がより細い線径までを識別することを求めており，板厚が約50mmまではA級では板厚の2％程度の，またB級では板厚の1.5％程度の線径を識別できることを求めている。

　諧調計は板厚50mm以下の突合せ溶接継手に用い，諧調計に近接した母材部の濃度D1と諧調計の中央部付近の濃度D2を濃度計で測定し，濃度差（D1－D2）を母材部の濃度D1で除した値を板厚範囲ごとに規定している。透過度計とほぼ同等の像質評価となるように設定されているが，透過度計では線形の識別の判断を目視で行うのに対し，諧調計ではフィルム濃度を濃度計で数値化して判断している。

　JIS Z 3104：1995「鋼溶接継手の放射線透過試験方法」では，さらにきずの指示に対して等級分類することを規定しており概要のみ紹介する。

　まず，きずの指示の形状によって，第1種から第4種まで指示を分類している。第1種のきずは，丸いブローホールおよびこれに類するきずを指す。第2種のきずは，細長いスラグ巻込み，パイプ，溶込み不良，融合不良およびこれに類するきずを指す。第3種のきずは割れおよびこれに類するきずを指す。そして第4種のきずはタングステン巻込みを指す。

　次に各種別のきずに対して分類する。第1種と第4種のきずでは，丸いきずの長径に対して点数が割り振られる。このとき，第4種のタングステン巻込みの点数は，第1種のブローホールなどの点数の1/2と定められている。板厚

ごとに定められた試験視野内（例えば板厚 25 mm 以下の場合は 10 × 10 mm の視野内）の各きずの点数を合算し，点数と板厚において 1 類から最下位の 4 類まで分類する。ただし，きずの長径が母材の板厚の 1/2 を超える場合は最下位の 4 類とすることや，板厚ごとに評価すべききずの最小値を規定してる。なお，規定値以下のものでも 1 類のものは試験視野内に 10 個以上あってはならないとしている。

第 2 種のきずの場合は，きずの長さを測定し，板厚ときずの指示長さにおいてきずの分類を行う。ただし，きずが一線上にある場合は，きずときずの間隔が大きい方のきずの長さより短い場合は，きずときずの間隔を含めてきずの長さとするように規定している。また，きずが溶込み不良または融合不良と判断されれば，きず長さの分類は 1 類であっても，1 類としないで 2 類とするように規定している。

第 3 種の割れおよびこれに類する危険なきずは，検出されれば最下位の 4 類とするように求めている。

個々のきずの種別ごとの分類を行った後に総合分類する。基本的には，個々の分類の最下位（分類番号の大きい方）の分類とする。ただし，第 1 種のきずおよび第 4 種のきずの試験視野内に，第 2 種のきずが混在する場合で，両者の分類が同一の場合には，混在する部分の分類は分類番号を 1 つ大きくすることとしている。ただし，ブローホールなどの第 1 種きずやタングステン巻込みの第 4 種きずは合計点数が許容点数の 1/2 以下の軽微である場合，スラグ巻込みなどの第 2 種のきずが混在していても，もし第 2 種のきず長さも許容長さの 1/2 以下の軽微であれば分類番号の 1 つ大きい 2 類にしないで 1 類のままとすることにしている。

4.4.4 きずの検出性

放射線透過試験は，きずの存在で生じる板厚差に起因する放射線の強度差によって生じるフィルム上の濃度差を識別する技術であることを紹介した。もちろんきずの形状，位置や線源の焦点寸法によっては幾何学補正係数 σ を考慮する必要はあるが，どの程度の板厚差を検出できるかがわかれば，スラグ巻き込みやブローホールなどの塊状の溶接欠陥の検出性をある程度予測できよう。

この意味で，フィルム上に写し出された透過度計の針金の中で，識別できる

最小線径(識別最小線径)から塊状欠陥の検出性を予測できる。一方，識別できる最小の線径(識別最小線径)は放射線透過試験の撮影条件によって変化する。種々の撮影条件による識別最小線径と板厚との関係を図4.28に示している。図中には，JIS Z 3104：1995「鋼溶接継手の放射線透過試験方法」の付属書1で要求している突合せ溶接部の識別最小線径も点線と破線で示している。

既に検討してきたように，低エネルギーの線源と低感度のフィルムの組合せで，露出時間を長くした方がきずの検出性を向上できることが理解できよう。また，板厚が厚くなると大型線源や放射性同位元素を用いる必要が生じるが，

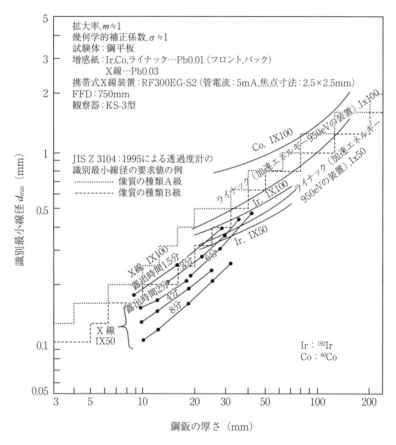

図4.28 線源とX線フィルムのとの組合せによる識別最小線径に及ぼす板厚の影響およびJIS Z 3104による透過度計の識別最小線径の要求値の例[5]

^{60}Coを用いた撮影では，JIS Z 3104：1995　付属書1の識別最小線径の要求を満足できない場合も生じることも示唆している。

いずれにしても，板厚が厚くなるほど識別できる最小線径は大きくなっていくのがわかる。

一方，割れの検出性に関してはより慎重に考える必要がある。もし，割れが板の表面に平行に生じたとしよう。この時の割れ部と健全部の板厚差はまったくないことになり，放射線透過試験での検出が困難であることが理解できる。

放射線の透過方向に対して斜めに傾いた割れの検出性は割れの開口幅に依存しているといえよう。この開口幅は，溶接部の厚さが厚くなってもさほど変化しないと考えるべきである。したがって，0.1～0.2mmの最小識別線径の検出能力のある板厚10mmの突合せ溶接試験体で割れの開口幅を検出したとしても，0.5～1mm程度の最小識別線径の板厚100mmの突合せ溶接試験体で同じ開口幅の割れを検出できるとは保証できない。すなわち，放射線透過試験による割れの検出性は，放射線透過試験の照射方向に対する割れの傾きに大きく依存するとともに，板厚に大きく依存するといえる。すなわち，薄板の割れの検出性に比べて厚板の割れの検出性は悪くなる。

図4.29は，板厚200mmの突合せ溶接部の開先面にほぼ平行に水素による遅れ割れを大，中，小の3個作製し，順次板厚を減じながら放射線透過試験を行い指示長さを比較した結果である。それぞれ板厚を減じることで割れの指示が長く得られ，検出性に板厚依存性のあることを示唆している。

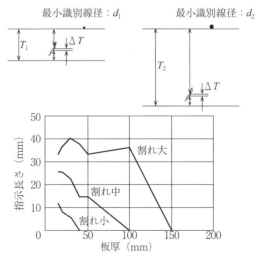

図4.29　放射線透過試験による割れの指示長さに及ぼす板厚の影響

176   第4章　放射線透過試験

4.5　放射線透過試験の動向

4.5.1　コンピュータ技術の進歩と放射線透過試験

　現在カメラ屋に並ぶカメラはすべてがデジタルカメラであるといって過言でない。かってはフィルムで写真を撮り，カメラ屋さんでフィルムを現像してもらい，しばらくして出来上がった写真を見て楽しんだ時代は忘れ去られようとしている。スマートフォンにもカメラ機能が取り付けられており，いつでもどこでも写真が取れ，気に入った写真をすぐに転送できる時代になった。

　このような時代の流れを作った要因の1つにコンピュータ技術の目覚しい進歩が上げられる。例えば，現在使っているカメラの1枚の写真の保存容量はおよそ5,000kbit程度である。以前の古いコンピュータではすぐにコンピュータの記憶容量をオーバーするであろう。コンピュータの記憶容量の増大と処理能力の著しい進歩が今日のデジタルカメラ（デシカメ）の全盛を担っているといえよう。

　工業界の放射線透過試験を見てみると，国内ではなおフィルムによる撮影が主流である。しかし，以前のように，少数のフィルムを短納期で入手することは難しくなってきていると聞く。そろそろ国内の工業界でもデジタル化（デジタルラジオグラフィ：D-RT）に向かう気配を感じる。

　デジタルラジオグラフィ（D-RT）を用いる長所は，デジカメの長所から容易に想像できよう。まずは，データ保存の容易さである。多くの家庭で，なお昔のアルバムが書棚の大きな場所を占有しているのではなかろうかと想像する。古い写真では変色しているものもある。デジカメのデータであれば，数十年分の写真を，劣化することなく小さなハードディスクに保存できる。また，撮影した写真を，フィルムを現像することなく，その場で確認できるのも大きな魅力である。カメラの中でフィルムが空回りしていて，現像したら何も写っていなかったという経験をされた方もおられよう。

　いくらデジタル化が魅力あるといっても，もし成人式の写真をカメラ屋さんに撮りに行って，使われたカメラが古い画素数の少ないカメラであったとしたら，さぞかしがっかりするであろう。フィルムに比べて，デジカメのほうが写真の品質，特に鮮明さなどは装置の影響を受けやすい。

4.5 放射線透過試験の動向 177

したがって，デジタルラジオグラフィ（D-RT）が普及するには，新たに装置
に対する要求事項を明確にする必要がある。欧米では既に議論が進み，規格化
されており，国内でも議論が進められている。

デジタルラジオグラフィ（D-RT）には種々のものがあるが，ここではフィル
ムデジタイザ，イメージングプレート，フラットパネルとコンピュータトモグ
ラフィ（CT）について簡単に触れる。

4.5.2 フィルムデジタイザ

書棚にいつまでも威張ってがんばり続ける多くのアルバムを見て，デジタル
化してハードディスクに保存したいと思われる方も多かろう。デジタル化され
た画像を見て，フィルムから現像された写真と同等であると感じられるか，ま
あこの程度ならと思われるか，やはり写真のまま残そうと思われるかはデジタ
ル化に用いた装置によるところが大きいだろう。

高濃度なフィルムをスキャンするフィルムデジタイザにはレーザ光が用いら
れ，フィルムを透過したレーザ光を読み取る方式が用いられている。フィルム
濃度を測定する原理であり，細かくスキャンすることでフィルム濃度分布をコ
ンピュータに取り込み保存することができる。これによって，例えば経年損傷
を評価するうえで過去のデータを素早く取り出したり，あるいは遠隔地とデー
タを共有して議論する上でもデジタル化の意義は大きい。

フィルムデジタイザの性能は，主にピクセルサイズ（縦ピクセルと横ピ
クセルの積が画素数に当り，ここではレーザ光の読み取りのピッチに当
たる）とこれに起因する空間分解能に依存する。ISO 14096-2：2005「Non-
destructive testing – Qualification of radiographic film Digitization system
– Part2:Minimum requirements」には**表4.3** に示すようにデジタル化の品質
を3段階で規定している。

表4.3 フィルムデジタル化品質のクラス分類

	フィルムデジタル化の品質クラス	適用
DS	信号対ノイズ比 SNR および空間分解能がほとんど低下しない高度なデジタル処理技法	X 線フィルムのデジタル保存が可能
DB	画像の品質低下をある程度許容した中程度のデジタル処理技法	X 線フィルムのデジタル解析 オリジナルの X 線フィルムは保存する必要あり
DA	画像品質のある程度の低下および空間分解能の低下を許容したデジタル処理技術	X 線フィルムのデジタル解析 オリジナルの X 線フィルムは保存する必要あり

4.5.3 イメージングプレートを用いたコンピューテッドラジオグラフィ (CR)

イメージングプレートとは，基盤に輝尽性蛍光体を塗布したものである。放射線がイメージングプレートを透過すると，輝尽性蛍光体に放射線量に応じた潜像が取り込まれる。この段階では，画像として観察できない。

次に，特定の波長のレーザ光を照射すると，取り込まれた線量に比例した発光が生じる。これを輝尽発光という。したがって，レーザ光を走査（スキャン）して，光を光電子増倍管で電気信号に変換して A/D 変換してコンピュータで画像化すればデジタル化した放射線透過画像が得られる。

なお，放射線潜像を取り込んだイメージングプレートも，再度全面に光を当てることで残存したエネルギーを消去でき，イメージングプレートを繰り返して使用できる。この画像形成のサイクルを模式的に図4.30 に示している。

このイメージングプレートを用いたコンピューテッドラジオグラフィは，放射線照射後に直接画像を見るのでなく，読み取りなどの追加の作業が必要では

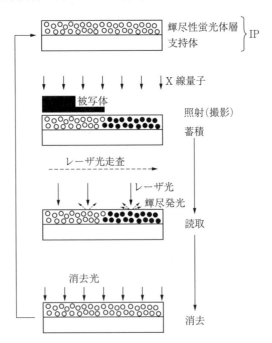

図4.30 イメージングプレートによる画像形成のサイクル

あるものの，多くの優れた長所もあり広く活用され始めている。1つはフィルムより感度が良いことで，同じ露出時間でより厚い試験体を撮影でき，またより低エネルギーの線源を用いて，きず部の濃度差を改善することに寄与できる。また，フィルムと同じように高エネルギーの線源にも対応でき，ダイナミックレンジが広範で，肉厚差の大きい試験体にも対応しやすいなどの長所がある。

4.5.4　デジタル検出器（DDA）

　デジタル検出器は，デジタル放射線透過画像を直接に得るための検出器の総称のことである。中でも，フラットパネルディテクタは，医療分野でいち早く普及してきた。苦しんでいる患者を前に，フィルムの現像が終わるまで待ちなさいとは心苦しいであろう。リアルタイムで放射線透過画像を観察できるのが最大の特徴である。

　フラットパネルディテクタの電気信号への変換方式には，間接変換方式と直接変換方式がある。間接変換方式とは，X線を蛍光体（シンチレータ）で一旦光に変換し，その後に光半導体で光電変換して電気信号を読み出すものである。直接変換方式とは，X線を直接電気信号に変換するものである。一般に，間接変換方式のほうが，信号対ノイズ比（SNR）に優れる反面，空間分解能は低下するとされている。

　デジタル検出器の最大の長所は，撮影後，コンピュータのモニタで瞬時に撮影画像を観察できることの他，高感度特性によって撮影の必要線量を低減でき，撮影時間の短縮を図ることができる。また，通常数フレームで画像を取り込み平均化することでノイズの低減が図られている。さらに，ダイナミックレンジが広く，板厚が変化する複雑な形状の試験体でも，1回の撮影でより詳細な画像の取得を可能にできる。

　反面，フィルムやイメージングプレートのように曲げたりすることができず，使用に制約を受けることが欠点としてあげられる。また，装置の価格が一般に高価で，電子装置のために作業環境に制約を受けやすいなどの欠点も指摘されている。

4.5.5 複線形像質計

フィルムによる放射線透過試験の場合は，主に透過度形により像質の評価が行われている。フィルムの場合は，フィルムメーカーが異なっても，フィルム番号を指定して同じ方法で撮影すれば得られたフィルムの像質はほぼ均一である。

一方，デジタル放射線透過試験の場合，検出器の種類も多く，放射線のデジタル化の原理も異なり，長所・短所をそれぞれもっている。デジタルカメラで考えて見よう。カメラ屋の店頭には初心者用からプロ用まで膨大な数のカメラが並べられている。このカメラの性能を評価するのに，何ミリまでの針金が写るかだけだとしたら，あまりにも不公平であろう。単純に写真の画素数の多さだけでも同じサイズに印刷した画像の鮮鋭度は大きく異なることを知っている。

デジタル放射線透過試験における鮮鋭度を評価する目的で，複線形像質計が提案され，国内においても 2017 年に JIS Z 2307：2017「放射線透過試験用複線形像質計による像の不鮮鋭度の決定」として規定された。図4.31 に複線形像質計の概要を示している。同じ線径の 2 本の線を，線径に等しい間隔で平行に並

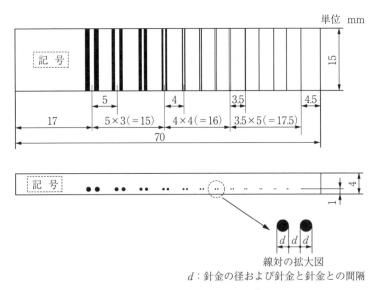

図4.31　複線形像質計の概要

べて1つのセットとし，線径の異なる13対を樹脂のホルダーに収納して像質計としている。

　不鮮鋭度を求めるには，フィルム上では4倍までの拡大鏡を用いて行う。デジタルラジオグラフィの場合は，プロファイル機能を用いて，2つのピークの大きさに対するディップが20％以下となる最初の線対を求めることとしている。

　このときに，不鮮鋭度（u）は$2d$（1対をなす2本の針金の中心線間の距離）で定義される。なお，検出器固有の不鮮鋭度を求める場合には，複線形像質計を検出器の上に直接配置することとしている。**図4.32**に複線形像質計のデジタル放射線透過画像の例を示している。

　なお，不鮮鋭度を改善するには，画素（ピクセル）数を多くして，1つの画素（ピクセル）のサイズを小さくすることが有効であろう。しかし，画素のサイズを小さくすることはノイズが増大することにもつながる。したがって，ノイズに対する統計的な評価が必要になる。

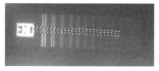

（ラインプロファイル例）

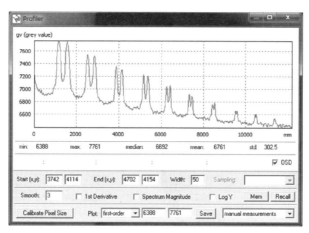

図4.32　複線形像質計のデジタル放射線透過画像の例

ノイズ低減のために，デジタルイメージ処理が行われる。ノイズには，放射線強度のゆらぎのほかにも，デジタル化によって生じるノイズが含まれる。これらを総合的に規定した国内JIS規格として，JIS Z 3110：2017「溶接継手の放射線透過試験方法－デジタル検出器によるX線およびγ線撮影技術」やJIS G 0804：2015「溶接鋼管溶接部のデジタル式放射線透過検査方法」がある。

4.5.6 X線CT（コンピュータトモグラフィ）

コンピュータ断層撮影であり，名前通りに物体を輪切りにした断面画像を得る探傷法のことである。最近では，コンピュータ技術の進歩や画像処理技術の向上にともなって3次元グラフィックとして表示されることも多くなっている。医療の分野で，頭部や内臓を輪切りにした断層写真を見られたことがあろう。

このような断面の濃淡画像を得るには，試験体の周りに線源と検出器を回転させ，あるいは線源と検出器の間の試験体を回転させて全方向からの放射線の透過線量率を測定する必要がある。もちろん検出器にはリアルに電気信号が得られるデジタル検出器が必要である。

図4.33に，X線CT装置の一例を模式的に示すが，ここではX線管から薄い扇状のX線ビームが照射され，円弧状に配列された多チャンネルのX線検出器で信号を得るシステムを示している。断面の濃淡画像を得るには，更に断面を格子状に分割しておき，各部位の減弱率を未知数として，得られた結果より連立方程式で解く必要がある。

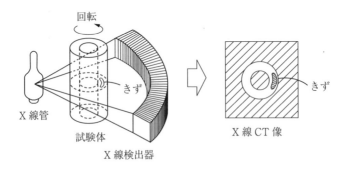

図4.33　X線CT装置の例の模式図

4.5　放射線透過試験の動向　　183

　医療分野においては，人が病院に出かけてベットに寝ころび，ベットを直線状に移動させるとともに，線源と検出器を体を中心に回転させればよい。したがって，装置はいくら大きくて複雑でも対応できる。しかし，溶接構造物にあっては，装置を製造現場や構造物の設置現場に持ち込む必要があり，さらに分厚い材料を透過させるために大型線源が必要になる。さらに，大型溶接構造物の形状によって照射できる範囲が限られ十分な情報が得にくいことがほとんどである。このために，大型溶接構造物への適用事例はほとんどない。

コラム　X線CT

　X線CTの溶接部への適用事例がないか探していた折に，小さな銅パイプのろう付部のCT画像に出くわした。小さな銅パイプが重ねられ，その間をろう材が濡れている様子が3次元画像でリアルに表現されている。ろう材内部に気孔が生じている様子も見て取れる。

　是非，これをこの本で紹介させてくださいと申し入れたところ，きっぱりと断られた。理由を尋ねると，このようにリアルな画像が得られるのは稀であるという。このベストな画像が出回ると，お客の方でいつでも同様な画像が得られると期待され，大変混乱しているという。

　確かに，ろう材も融点で多くの金属が使われている。特にはんだにおいては，鉛の多い鉛−スズ合金が使われていた。ところが環境汚染や人体への有害さなどから鉛フリーのはんだへの規制が進んできた。このことは放射線透過試験にとっては不幸であったかもしれない。

　鉛の減弱係数は鋼や銅などに比べて大きく（図4.4参照），鉛を半分程度含む従来のはんだはX線CTで母材との境界部を識別しやすかったであろうと考えられる。一方，鉛フリーにより錫が主成分になると，質量も鋼や銅と差が小さくなり，評価が難しくなることは予測できる。

　ご迷惑をかけてはいけないと思って，本誌への掲載をあきらめた。その折に，ほうずきのX線CT写真を見せられた。険しい山道の傍らに一輪の可憐な花を見出した思いがしたので，紹介させていただくことにした。

184　第4章　放射線透過試験

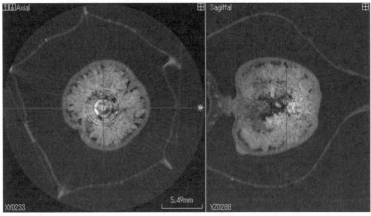

写真提供：地方独立行政法人神奈川県立産業技術総合研究所

第5章
磁気探傷試験

5.1 磁気探傷試験

　磁気探傷試験では，試験体を磁化し，きず部と健全部の透磁率の差によりきず漏えい磁界を発生させる。このきず漏えい磁界に磁粉を吸着させることによりきずを検出する磁粉探傷試験と磁気センサを用いてきず漏えい磁界を測定し，きずを検出，評価する漏えい磁束探傷試験がある。磁気探傷試験は，鉄鋼材料などの強磁性材料のみに適用できる試験方法であり，表面きずまたは表面の近傍にあるきずの検出に用いられる。また，溶接部のきずの検査には，通常，磁粉探傷試験が使用される。

5.2 強磁性体について

　強磁性体とは，簡単にいえば，磁石に吸着されるものであり，代表的なものに鉄，コバルト，ニッケルがある。

　強磁性体に磁界をかけると，**図5.1**のように強磁体の両端にN極とS極が生じて，強磁性体が磁石になる。これを磁化という。

　磁化により，両端に磁極ができると図

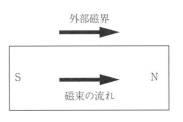

図5.1　強磁性体の磁化について

186 第5章 磁気探傷試験

5.1 の太字のように強磁性体中に磁束が発生する。この強磁性体の磁極による内部の磁束と，材料中を通る外部磁界による磁束を合わせた磁束の合計を全磁束 ϕ (Wb) といい，この全磁束を以下のように材料の断面積 S (m^2) で割った，単位面積あたりの全磁束を磁束密度 B (T) という。

$$B = \frac{\phi}{S} \quad \cdots\cdots\cdots\cdots\cdots\cdots\cdots\cdots (5.1)$$

磁界 H (A/m) により発生する材料中の磁束密度は，以下の式で表される。

$$B = \mu H \quad \cdots\cdots\cdots\cdots\cdots\cdots\cdots (5.2)$$

ここで，μ を透磁率 (H/m) という。磁束密度は (5.2) 式のように透磁率と磁界の強さの積になり，磁束が磁界によりどの程度発生するかを示している。この式の比例定数の透磁率 μ は磁界による磁束の発生量，磁化のされやすさ，磁束の通りやすさを示すものということができる。

透磁率 μ は，

$$\mu = \mu_0 \mu_r \quad \cdots\cdots\cdots\cdots\cdots\cdots\cdots (5.3)$$

と表される。μ_0 を真空透磁率といい，その値は $4\pi \times 10^{-7}$ H/m である。透磁率は，(5.3) 式のように真空透磁率に対してどの程度大きいかを表す比透磁率 μ_r を用いて表さわれる。構造材料として使用される鉄鋼材料では，一般に，数百～千程度の値を示す。

5.3 磁界と磁束密度の関係

図5.2 は材料に適用した磁界 H と材料中に生じた磁束密度 B との関係を表しており，磁化 (B-H) 曲線と呼ばれる。(5.2) 式では，強磁性体の磁束密度と適用した磁界の強さとの関係を比例（線形）関係で表していたが，実際には，強磁性体の磁束密度は適用した磁界の強さにより，図5.2 に示すような非線形の関係を示す。

磁界の強さを 0 から徐々に大きくしていくと，材料中に磁束が生じ，磁束密

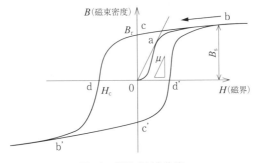

図5.2　磁化(B-H)曲線

度は急激に増加する(この状態をa点とする)。ここで，原点とa点を結んだ直線，つまり，(5.2)式で表されるように磁界と磁束密度の関係の傾きが透磁率であり，この傾き(図中に示した⊿)が大きいと透磁率が高いことを意味する。また，この図では，他のどの箇所よりa点で最大の傾きを示すので，この磁界の強さで得られる傾きが最大透磁率となる。その後，さらに磁界を大きくしていくと，磁束密度の増加が緩やかになり，磁界の増加に対して磁束密度がほとんど大きくならない領域(b点付近)となる。この領域の磁束密度を飽和磁束密度B_sという。この領域の傾きは，材料中に発生する磁束が飽和しているため，外部磁界による(材料中を含めた)測定空間の磁束の増加に起因するものである。このように，原点からの磁束密度と磁界の関係を示す曲線を初磁化曲線という。

　次に，b点付近から矢印の方向に磁界を減少させていくと，磁界を0にしても材料中の磁束密度はある程度残ったままとなる。これ(c点)を残留磁束密度B_rと呼ぶ。さらに，逆方向の磁界を増加させていき，磁束密度が0になる磁界(d点)を保持力H_cという。同様に，逆方向に磁界を適用していくと，上記と同様に飽和磁束密度(b'点付近)，残留磁束密度(c'点)と保持力(d'点)が定まる。

　上記で示した飽和磁束密度，透磁率，残留磁束密度，保持力は，化学組成など鉄鋼の種類が違えばもちろん異なるが，たとえ鉄鋼の種類(化学組成)が同じであっても，熱処理，圧延率などにより材料のミクロ組織に違いが生じても異なるものとなる。一般に，焼入れ処理，炭素量，圧延率などの加工度があがると飽和磁束密度，透磁率は減少し，焼なまし処理をすると飽和磁束密度，透

磁率などの磁気的性質は改善する。したがって，磁気探傷試験を適切に実施するためには，試験体の材料特性と磁気特性の関係を把握することが必要となる。また，残留磁束密度が残っていると，製品の機能に悪影響を与える可能性がある場合には，磁気探傷試験を実施後，適用する磁界の強度を減少させながら反転させ，残留磁束密度を徐々に小さくしていき，最終的に残留磁束密度を0にする脱磁という操作が必要となる。

5.4 反磁界について

強磁性体は磁化されると図5.1に示すように両端にN極とS極が発生する。磁界はN極からS極に流れるので，材料の内部では，**図5.3**のように外部磁界 H_0 と逆向きの磁界 H_d が発生する。したがって，両者が打ち消しあい，以下の(5.4)式のように，外部磁界 H_0 から逆向きの磁界 H_d を引いたものが，材料中の有効磁界 H となる。ここで，H_d を反磁界といい，反磁界の大きさは磁化の強さ M に比例し，以下の式のようになる。

$$H = H_0 - H_d = H_0 - N\frac{M}{\mu_0} \quad \cdots\cdots\cdots\cdots\cdots\cdots (5.4)$$

(5.4)式の N を反磁界係数という。反磁界係数は試験体の形状のみで定まり，0から1までの間の値をとる。例えば，直径 D と長さ L の比 D/L が小さい（小さい直径の長い）試験体では $N=0$ に近い値に，D/L が大きい（大きい直径の短い）試験体では $N=1$ に近い値になる。つまり，試験体の直径が大きく，磁化方向の長さが短いと反磁界が強くなり，磁気探傷試験に必要な強い磁化が得られず，このままだと磁気探傷試験が適切に実施できない。このため，見かけの

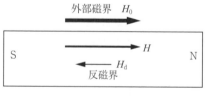

図5.3 試験体の反磁界

（図5.3の試験体中の矢印は磁界の方向を示しており，図5.1の磁束線と意味が異なることに注意，磁束線と磁力線を調べてみてください。）

D/L を小さくするために,継鉄棒という強磁性体の部材を試験体に接触させ,継鉄棒と試験体の全体としての見かけの D/L を小さくし,反磁界係数を小さくする操作(磁気探傷試験に必要な有効磁界を大きくするための操作)が行われる。

5.5　表皮効果について

磁気探傷試験では,試験体を磁化するために交流電流または直流電流が使用され,これを励磁電流という。通常,励磁電流に交流電流を用いた場合,東日本地域50 Hz,西日本地域60 Hzの商用交流電流が使用される。このとき,図5.4に示したように,作用・反作用の法則により材料中において適用した磁界を妨げるような磁界が生じる。これにより,磁束密度の大きさは,表面から板厚方向に向かって急激に(指数関数的に)減衰する。言い換えれば,試験体の表面部のみに大きな磁束が流れる。したがって,適用する励磁電流により磁束がどの程度の深さまで浸透するか,つまり,どの程度の深さにあるきずを検出できるかを考えなければならない。このとき,(5.5)式の浸透深さ(δ)と呼ばれるパラメータが使用される。

$$\delta = \frac{1}{\sqrt{\pi f \mu \sigma}} \quad \cdots\cdots\cdots\cdots\cdots\cdots\cdots\cdots\cdots (5.5)$$

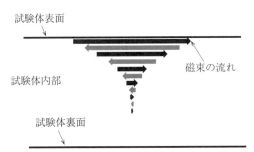

表面に発生した磁束(磁界)に対して,反作用の磁束(磁界)が発生することで打ち消され,これが繰り返されることで,磁束は試験体の深さ方向に対して急激に小さくなる

図5.4　表皮効果の模式図

ここで，f は交流の周波数 (Hz)，σ は導体の導電率 (S/m) である。浸透深さ δ は，表面の磁束密度の約 37％になる深さを意味し，これは励磁電流の周波数が高くなれば浅くなる。

例えば，商用交流 60 Hz で鉄鋼材料を磁化したときの浸透厚さ δ mm は，励磁電流の周波数を 60 Hz，鉄鋼の透磁率と導電率をそれぞれ $4\pi \times 10^{-7} \times 500$ H/m, 6.25×10^{6} S/m とすると浸透厚さは 1.16×10^{-3} m で 1.16 mm となる。これより深い位置に存在するきずの検出が難しくなるため，より低周波数の交流電流，または，直流電流を使用して，磁気探傷試験を行う必要がある。

5.6 きず漏えい磁界

試験体を磁化することにより端部に磁極が生じることを，5.2 節ですでに述べた。きず部は空間であり試験体の端部と同じ状態なため，図5.5 のようにきず部に磁極が現れることできずによる漏えい磁界が生じる。言い換えると図 5.6 のようにきず部で磁石ができ，きずによる漏えい磁界が発生すると説明す

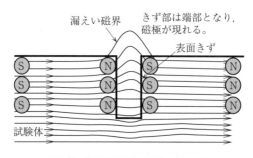

図5.5 漏えい磁界の発生の概念図

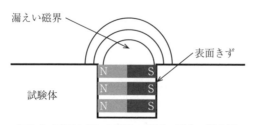

図5.6 磁石を用いた漏えい磁界の発生の概念図

ることができる。きず漏えい磁界の発生に関して別の説明を試みると，磁束の流れを妨げるような磁気抵抗の大きな（透磁率の小さい）きずが存在すると，試験体中の磁束密度が飽和磁束密度に比べ十分低い場合は，磁束はきず部を迂回して流れる。しかし，試験体の磁束密度が飽和磁束密度付近，図5.2のB–H特性図において磁束密度が大きい領域になると，試験体そのものの透磁率が小さくなり，つまり磁束に対する抵抗が大きくなる。さらに，きず部において磁束が密集することで，空間との透磁率の違いが小さくなり，磁束が空間に漏えいし，きず漏えい磁界を作り出す。

5.7　きず漏えい磁界の水平成分と垂直成分

　磁界は強さと方向をもつベクトル量なので，ここではきず漏えい磁界の成分について考えてみる。図5.7のように左から右に磁束が流れているきず漏えい磁界があり，A点をきず左端近傍の空間，B点をきず中央の空間，C点をきず右端近傍の空間とする。まず，きず漏えい磁界の垂直成分を考える。垂直成分は上方向をプラスとすると，A点付近では磁束が透磁率の小さいきずにぶつかり流れが妨げられたことで空間に漏えいする。この位置では磁界の傾きが徐々に大きくなるため，プラスの垂直成分は，A点付近で最大値をもつ。A点以降漏えい磁界の傾きが減少するため，垂直成分が減少していき，B点付近のきず漏えい磁界の頂点，つまり，きず中央で垂直成分が0になる。B点以降では，

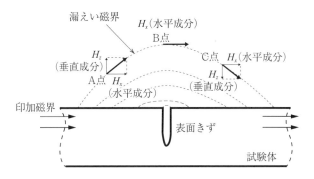

図5.7　漏えい磁界と垂直成分と水平成分

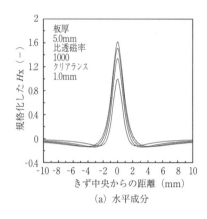 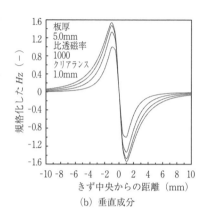

図5.8　きずからの漏えい磁界の水平成分(Hx)と垂直成分(Hz)
（幅5mm，深さ1〜4mm。きず深さが大きくなると漏えい磁界の各成分の振幅も増加する。）

垂直成分は下向きとなりマイナスの値を示し，C点近傍でマイナスが最大の垂直成分となる。つまり，垂直成分は，きず開口端近傍の空間で最大値，最小値を示し，きず中央部の空間で0を示す。

次に，きず漏えい磁界の水平成分を考える。水平成分では左側から右側の方向をプラスとすると水平成分は同じ方向をもち続けるため，プラスの成分のみで構成される。B点のきず漏えい磁界の頂点，つまり，きず中央部で垂直成分がないため水平成分は最大値を示す。試験体の板厚を5mm，比透磁率を1000とし，幅5mm，深さ1mm〜4mmのきずからの漏えい磁界を理論的に計算した結果を**図5.8**に示す。ここで，縦軸の漏えい磁界の強度は，深さ1mmで得られた漏えい磁界の強度で規格化した。図5.7を用いて説明した水平成分，垂直成分の分布であることがわかる。また，きず深さが大きくなると，妨げられる磁束の量も増えるため，きずからの漏えい磁界の強度が増加する。

5.8　磁粉探傷試験

磁粉探傷試験では，まず，試験体を何らかの方法で磁化する必要があり，我が国では**図5.9**のような磁化方法が従来より使用されている。試験体が磁化さ

れ,5.6節で記述したように試験体の飽和密度 Bs の 70〜80% 程度に近づくと,**図5.10**のようにきず漏えい磁界が発生する。この外部空間に漏れ出したきず

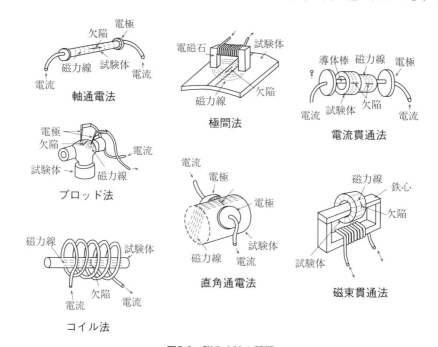

図5.9　磁化方法の種類

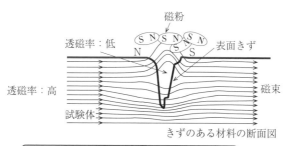

きずのある材料の断面図

| きずが存在すると,漏えい磁界が発生 |

⬇　磁粉の適用（散布）
（流体を利用して,磁粉を漏えい磁界近傍に送り込む）

| 磁粉がきず部に吸着され,磁粉模様が形成される |

図5.10　磁粉探傷法の原理

漏えい磁界に，空気あるいは水などの液体の媒体を用いて磁粉（微細な強磁性体の粒子）を漏えい磁界近傍に近づけると，磁粉が磁化され，それらの両端部に磁極が発生し，それぞれの磁粉のN極とS極が次々に繋がるように引き寄せられる。つまり，**図5.11**のようにきず漏えい磁界によって多くの磁粉がきず部に吸着することで，きず幅より広い磁粉模様が形成され，きずが検出できるようになる。

図5.11　磁粉模様の幅

　検出媒体である磁粉には，鉄あるいは酸化鉄の微粒子が使われ，乾燥した磁粉を使用する乾式法と，磁粉を液体に分散させた検査液を使用する湿式法がある。湿式法の検査液では媒体に水がよく用いられ，磁粉を適正な濃度に管理しなければならない。また，試験体表面の色または明るさとのコントラストが大きくなるように着色した磁粉や蛍光塗料を塗った磁粉（蛍光磁粉）を用いると，さらにきずを検出しやすい磁粉模様となる。蛍光磁粉は非蛍光磁粉の濃度の1/10程度の濃度で使用される。

　湿式法では検査液を良く攪拌し，磁粉が均一に分散した検査液を適切な流量で試験体に適用する。乾式法では磁粉を一様かつ静かに試験体に散布する。さらに，磁化と磁粉を試験体へ適用するタイミングによって連続法と残留法に分けられ，連続法とは磁化中に磁粉の適用を行う方法であり，残留法とは磁化を完了した後に磁粉の適用を行う方法である。残留法を用いるためには材料の残留磁束密度や保磁力の大きいこと（永久磁石になりやすいこと）が必要で，炭素含有量の多い工具鋼への適用が見られる。また，試験体の表面形状が複雑で，連続法で実施すると疑似模様（表面形状の変化に起因する漏えい磁界による磁粉模様）が出やすい部品のねじ部などへの適用がある。非蛍光磁粉を用いた場合にはなるべく明るい場所で観察し，蛍光磁粉を用いた場合では暗い所でブラックライトを用いて観察を行う。

　蛍光磁粉を用いて連続法で磁粉探傷試験を行った結果を**図5.12**に示す。白いものがきず磁粉模様であり，コントラストが高く明確にきずを検出できている。

　良好なきず磁粉模様を得るためには，きず部に適切な強さの漏えい磁界を発

生させる必要がある。連続法による磁化の場合には我が国では飽和磁束密度の80％程度が適切とされ，以下の**表5.1**のように適用磁界の波高値の目安が示されていたが，現在ではISOとの整合が図られ，試験体表面近傍（試験体内部）の最小の磁束密度は，実効値で1Tと規定されている。極端に強い磁化を用いて磁粉探傷試験を行うと，健全部表面の微小な凹凸からも漏えい磁界が発生し，磁粉模様が生じてしまい，きずによる磁粉模様とのコントラストが低下し，適切な検査が困難になる。したがって，試験体の表面状態を考慮し，あらかじめきずによる磁粉模様のみが得られる（コントラストが高い）磁化条件を決定しなければならない。また，試験体の形状不連続部（形状急変部，表面が粗い部分），材質変化部，熱処理などによる組織の不連続部で疑似模様が生じることもある。溶接熱影響部は組織の不連続部であり，特に磁気特性の異なる異材継手においては異材境界部で疑似模様を形成する可能性がある。試験後には試験体に残留磁界が残るので，機械加工などの後工程での不具合が懸念される場合には脱磁を行う。

　磁粉探傷試験はき裂のような微細な割れ状きずでも検出可能であるが，きず深さに関する情報は得られない。さらに，上記のような磁粉探傷試験は，磁粉の適用操作，磁化の操作，コントラストが高くなるような磁化の条件の設定，観察条件，磁粉模様の解釈など検査員の技量に依存する。

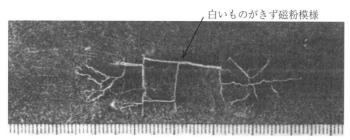

図5.12　蛍光磁粉を用いた連続法での磁粉探傷試験の結果[3]

表5.1　磁粉探傷試験に必要な磁界の強さの波高値

試験方法	試験体	磁界の強さ（A/m）
連続法	一般の構造物および溶接部	1,200〜2,000
	鋳鍛造品および機械部品	2,400〜3,600
	焼入れした機械部品	5,600 以上
残留法	一般の焼入れした部品	6,400〜8,000
	工具鋼などの特殊材部品	12,000 以上

5.9 コーティングが施工されている場合と漏えい磁束探傷法について

　磁粉探傷試験では，きず検出にきず部に吸着させた磁粉を利用しており，磁粉の吸着量は漏えい磁界による磁粉の吸引力に起因する。この磁気的吸引力は，漏えい磁界の強さ×漏えい磁界の空間勾配×磁粉の体積×磁粉の透磁率に比例する。磁粉探傷試験で使用する磁粉の体積と透磁率には実際には多少の違いがあるが，ここでは簡単なため一定と仮定すると，磁気的吸引力は漏えい磁界の強さとその空間勾配の積に依存する。開口幅が小さい，き裂のようなきずの漏えい磁界の強さは小さくなるが，漏えい磁界の空間勾配は大きくなり，磁粉を引き寄せるために十分な磁気的吸引力が得られ，き裂のような微細なきずでも検出できる。

　きずからの漏えい磁界はコーティング上の位置（試験体表面から離れた空間）において，その強度が急激に減少することに加え，漏えい磁界の空間勾配も小さくなる。これらの相乗効果によって，磁気的吸引力は急激に減少する。つまり，試験体表面にコーティングが存在すると，磁気的吸引力が急激に減少し，磁粉模様が形成されなくなり，磁粉探傷試験が適切に実施できない。

　磁粉探傷試験では，きずからの漏えい磁界を磁粉を用いて間接的に計測しているが，磁気センサを用いてきずからの漏えい磁界の分布と強度を電圧信号として計測し，これらからきずを検出，評価するのが，漏えい磁束探傷試験である。磁界センサとしては，ホール素子，磁気抵抗素子などがある。また，最近では微小な磁界を測定できる，MI素子，SQUID素子を漏えい磁束探傷試験に用いる事例もある。5.7節で示したようにき裂のようなきずの開口幅，深さと漏えい磁界の強度と分布に相関があるので，磁気センサできず漏えい磁界の分布を定量的に計測すれば，きず開口幅，深さの評価も可能となる。しかし，試験体表面から検出素子までの距離（クリアランス）が増加すると，きず漏えい磁界の強度が急激に減少するので，漏えい磁束探傷法ではクリアランスを小さく，かつ計測中は常に一定になるようにする必要がある。

　以上のような理由からコーティング上からの検査には，磁粉探傷試験より漏えい磁束探傷試験が適している。

5.10 交流極間式磁化器とプロッド法による鋼溶接部の磁粉探傷試験

ここでは，石油タンク等の大型構造物の溶接部に生じるき裂などの検査に使用される，交流極間式磁化器による極間法とプロッド法を用いた磁粉探傷試験について説明する。

極間式磁化器とは，U字形の鉄心に銅線を巻き，これに電流を流し，磁界を発生させるものである。図5.9 に示したように，この極間式磁化器を用いた磁化方法を極間法という。極間法では，**図5.13** のように磁化器の2極間の試験体を磁化し，この領域を試験領域として，磁粉探傷試験を実施するものである。

極間式磁化器の性能は，コイルを流れる電流（アンペア）とコイルの巻き数（ターン数）の積（アンペアターン）で表される。極間式磁化器の励磁電流には，通常，50Hz か 60Hz の商用交流が使われるので，5.5節で示した表皮効果のため試験体の表面部のみに磁束が集中し，通常の炭素鋼の場合の浸透深さ δ はおおよそ1mm程度となる。

極間式磁化器で発生する試験体表面の磁束密度の大きさは**図5.14** のように極の部分が最も強く，2極間を結ぶ中心線から離れるほど小さくなる。また，**図5.15** のようにきずからの漏えい磁界の大きさは試験体中を通る磁束の方向ときずの長手方向が直交するときに最大となる。一方，磁束の方向ときずの長手方向が同じ方向，つまり，磁束の方向ときずの長手方向のなす角度が

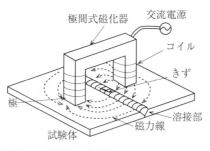

図5.13 交流極間式磁化器による溶接部の探傷

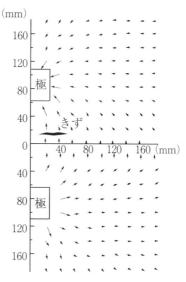

図5.14 鋼板表面付近の磁場分布(ベクトル表示)

小さくなると，きず漏えい磁界が発生しにくくなり，きずが検出されにくい。つまり，試験体に存在するきずの長手方向は事前にわからないので，極間式磁化器を用いた磁粉探傷試験では，検査領域を少なくとも相直交する2方向に磁化して探傷操作を行う必要がある。

　次に，プロッド法を用いた溶接部の磁粉探傷試験について説明する。プロッド法とは，**図5.16**のようにプロッドと呼ばれる電極を試験体表面に接触させて，局所的に電流を流すものである。プロッド法で通電すると電極の周りに図

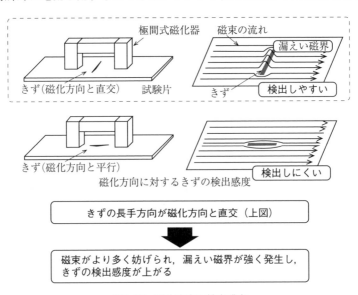

図5.15　磁化方向と検出感度

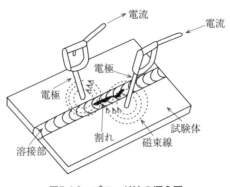

図5.16　プロッド法の概念図

5.17の点線のような電流分布が得られる。これらの電流の方向の直交方向に磁束が流れ，試験体が磁化される。極間法と同様に，きず漏えい磁界は磁束を妨げるきずの向きにおいて大きくなるので，プロッド法を用いた磁粉探傷試験では，試験体表面において流れる電流の方向と平行な長手方向をもつきずを検出する場合に感度が高い。

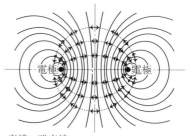

実線：磁束線
矢印：最も検出しやすいきずの長手方向

図5.17 プロッド法電極周辺の磁束分布

プロッド法では，探傷に必要な適切な磁化強さを得るためにプロッド間隔と磁化電流をコントロールすることが必要で，プロッド間隔を50mm（2インチ）−200mm（8インチ）とし，磁化電流をプロッド間隔25mm（1インチ）当たり90−125Aとするのが一般的である。例えば，プロッド間隔200mmでは，720−1000Aの磁化電流が用いられる。また，交流電流を用いると，表皮効果により試験体の表面しか磁化されないため，表面下の深いきずを検出するには直流によるプロッド法を用いる必要がある。プロッド法では，試験体の表面状態が良好でないと，電極がスパークが発生しやすい。このため急熱，急冷により割れが生じやすい，合金成分の多い高張力鋼などの材料には適用ができない。極間法とプロッド法の特徴と注意事項を**表5.2**に整理したので，参考にしてもらいたい。

表5.2 溶接部の磁粉探傷試験に多く用いられるプロッド法と極間法の概要と特徴

磁化方法	概　要	特　徴
プロッド法		（長所） ・電流の種類（AC，DC）および電流値が可変であり，直流で大電流を流すことにより表面より数mm程度の位置にあるきずが検出できる。 （短所） ・プロッド（電極）の接触部はスパークしやすく急熱急冷により割れやすい材料（合金成分の多い高張力鋼など）には適用できない。
極間法		（長所） ・スパークがなく，合金成分の多い高張力鋼などに対して適用しても割れの発生などの心配がない。 ・交流磁化器を用いた場合では，試験体の厚さに関係なく，表面および表面近くのきずの検出に適用できる。 （短所） ・試験体表面より数mm深いところにある埋没きずの検出が困難である。

5.11 表面下のきずの検出性能

磁粉探傷試験の磁化方法にもよるが，一般的な極間法を用いてどの程度の深さに存在するきずまでを検出できるかを検討した結果を図5.18に示す[2]。きずサイズ8mmのような大きなきずでも表面下1mm以下にあるものでは，磁粉探傷試験では検出が難しいことがわかる。5.5節の表皮効果の節で説明したように鉄鋼材料では浸透深さは1mm程度であり，この結果は概ね一致するものである。

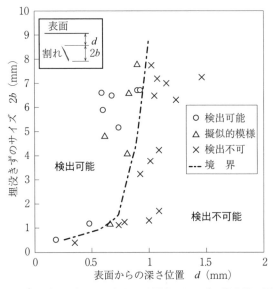

図5.18 極間法による表面下に埋没したきずの検出性の例

5.12 A型標準試験片について

前述したように磁粉探傷試験の探傷時のきず検出精度は，磁化方法，磁化の状態，磁粉や検査液などの状態および操作の適否などにより大きく左右される。これらの問題を解決するため，磁粉探傷試験ではJIS Z 2320「非破壊試験

－磁粉探傷試験－」に定められているA型標準試験片が用いられる。A型標準試験片の形状と寸法を**図5.19**に示す。

　この使用方法は，A型標準試験片に施されている人工溝が下面になるように試験体に貼り，試験体を磁化しながら磁粉を適用し，A型標準試験片のきず磁粉模様を確認する。このきず磁粉模様の状態により磁粉探傷試験に必要な有効磁界の強さ，磁界の方向，検査液の濃度および磁粉の特性，磁化の仕方および磁粉の適用の仕方などの各操作が適切であるかなどが確認されている。溶接部の開先面などの狭い部分では，**図5.20**のような小型のC型標準試験片がA型標準試験片と同様の目的，使用方法で用いられる。

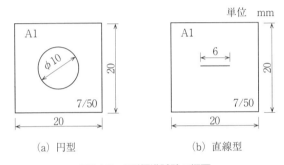

図5.19　A型標準試験の概要

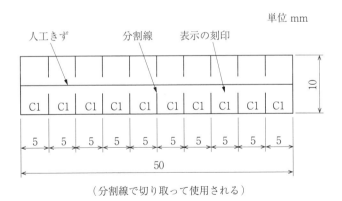

図5.20　C型標準試験片（表示はC1の場合）

> **コラム** 磁粉探傷試験の標準試験片の溝形状は，プラス，マイナス，円と十字？

　5.12節に記載しましたが，磁粉探傷試験に使用されるA型標準試験片は，磁化の強さを簡便に測定できるということで，わが国で経験的に用いられており，表面に作製される溝の形状は，円型と線型があります。昔は，適切な磁気センサが存在しなかったため，磁化の強さとその方向が簡便に測れるように，1960年に日本の研究者たちによって，5.12節に記載した現在のA型標準試験片と本質的に同じものが開発され，この年に東京で開催された第3回 World Conference on Non-Destructive Testing(WCNDT)において基礎的な実験結果を発表しました。

　一方，アメリカでは図のように，QUANTITATIVE QUALITY INDICATORSという試験片が開発されました。このサイズは，厚さ$50\mu m$と$100\mu m$，大きさ19mm×19mmであり，A型標準試験片と同様な大きさですが，日本のA型標準試験片のすべての溝の形状を合体させたような円の中に十字が施されています。また，日本のA型標準試験片の溝深さは試験片ごとに固定ですが，20％，30％，40％と溝深さが異なる円形溝が1つの試験片に作製されています。アメリカは合理的ですね。

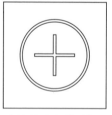　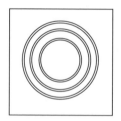

(a) 円と十字型の溝　　(b) 複数の円型溝

図　アメリカの標準試験片
(QUANTITATIVE QUALITY INDICATORS)

第6章
浸透探傷試験

6.1　浸透探傷試験の概要

　浸透探傷試験は，表面張力によって狭い空隙に液体が浸透するという，毛細管現象を利用して，浸透液をきずに浸透させ，試験片表面の浸透液を洗浄後，現像液を用いて表面開口きずの指示模様を拡大して形成させ，目視で容易に知覚できるようにしたものである。

　磁粉探傷試験と渦電流探傷試験は電磁気的現象を用いるため強磁体や導体の材料のみにしか適用できないが，浸透探傷試験は強磁体や導体を問わず，ほとんどの材料に適用できる。つまり，磁性がないオーステナイト系ステンレス鋼やアルミニウム合金などはもちろんガラスなどの絶縁体を含めて広く適用が可能である。しかし，吸水性のある多孔質材料には適用できないことに加え，浸透液が毛細管現象できずの内部に浸透することを用いるため，表面に開口していないきずには適用できない。

　また，後述するが，溶剤除去性染色浸透探傷試験(速乾式現像法)は，電気，水，ガスなどを必要とせず，浸透液，洗浄液，現像液の3本のスプレー缶と浸透液をふき取るウエスおよび一定の技量を備えていれば簡便に検査が行えるので広く普及している。この手法は，産業界では"ダイチェック"あるいは，商品名を用いて"カラーチェック"と呼ばれることもある。

6.2 毛細管現象

水にタオルを部分的に浸すと，水面より上まで水がタオルに浸透する。これは毛細管現象のためである。毛細管現象とは，**図6.1**のように細い管を液体中に立てると，液体はその表面応力によって細管中を吸い上げられるように上昇し，その液体は外部の液面より高くなる現象である。図6.1において，液体が内半径 r の細管中を h の高さまで上昇したとすると，管中の液面は一般に真ん中が凹んだ曲面になる。この状態は一般にメニスカスと呼ばれる。毛細管現象の大きさを示す液面の高さ h は，表面張力に比例するとともに，開口径 $2r$ が小さいほど大きくなる。また，図6.1の角度 θ は，接触角と呼ばれるもので，液体−個体間のぬれ性を示すものである。接触角が小さいほど，液体は固体表面をぬらしやすい。なお，水銀などのぬれ性の低いものでは，メニスカスは上に膨らんだ凸型の液面となる。液体の浸透速度は開口径が小さいほど，また，液体の粘性が小さいほど速い。

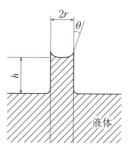

図6.1　毛細管現象

6.3　浸透探傷試験の各作業手順

図6.2に浸透探傷試験の作業手順を，**表6.1**に浸透探傷試験の主要な手順とその留意点を示す。

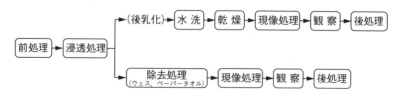

図6.2　浸透探傷試験の手順

6.3 浸透探傷試験の各作業手順　205

　前処理は，浸透探傷の阻害要因である表面の水分，油や汚れを取り除き，表面の濡れ性を良くし，浸透液をきず内部へ充分に浸透させるために行われる。きずの表面の錆，スケールなどに対しては機械的な前処理による除去が必要となるが，ブラスト処理などはきず開口部を押しつぶしてしまう恐れがある。

　浸透処理では，表面に開口している割れまたはピンホールなどのきずに，目視で観測しやすい蛍光塗料や赤色などの着色塗料を含有した浸透液を適用し，前述の毛細管現象を利用してきずの狭い空隙に浸み込ませる。浸透処理に用いる浸透液では，染色浸透液と蛍光浸透液の2種類がある。前者は，自然光または白色光のもとで指示模様が観測できる方式である。後者は，浸透液に発光物質を加えたもので，暗所（20Lx 以下）で試験面に315nm ～ 400nm の波長をもつ紫外線を照射し，蛍光を発光させてきず指示模様を識別する方式である。浸

表6.1　浸透探傷試験におけるきず指示模様の形成プロセスと留意点

手順	方法	留意点
前処理	浸透液　試験体	・化学的，物理的洗浄方法の選定 ・きず内部の水分の乾燥
浸透処理	試験体	・浸透方法の選定 ・浸透時間
除去処理 （洗浄処理）	浸透液　試験体	・過洗浄を避ける
現像処理，観察	きず 指示模様　現像剤　試験体	・現像方法 ・現像時間 ・観察時の環境

206　第6章　浸透探傷試験

透処理においてはきず内部に浸透液が充分に浸透する時間を確保する必要があり，特に，低温時に試験を行う場合，浸透液がきず内部に浸透する時間は長くなる。

　その後，きず内部の浸透液を残したまま表面部に残留する浸透液（余剰浸透液）を何らかの方法で取り除く除去処理を行う。余剰浸透液の除去方法として，水スプレーで洗い流す水洗方式，また，油性浸透液を浸透させた後，余剰浸透液被膜上に乳化剤を散布し，乳化剤が浸透被膜中に溶け込む間放置して，その後，水などで洗浄する後乳化方式，炭化水素系溶剤などの有機溶剤を用いて，ウエスやペーパータオル等で除去をする溶剤除去方式の3種類がある。洗浄処理においては，きず内部に浸透した浸透液を洗い流すような過洗浄に注意する必要があり，特に溶剤は洗浄能力が極めて高いため，除去液を直接試験体に流して除去するような操作を避ける。

　以上のように，2種類の浸透液と3種類の洗浄液を組み合わせると，**表6.2**のように6種類の浸透探傷試験に分類され，きずの検出能力，用途に応じて使

表6.2　液体浸透探傷試験の浸透液の違いによる選定例

	蛍光			染色		
	水洗性蛍光浸透探傷試験	後乳化性蛍光浸透探傷試験	溶剤除去性蛍光浸透探傷試験	水洗性染色浸透探傷試験	後乳化性染色浸透探傷試験	溶剤除去性染色浸透探傷試験
微細な割れ，幅が広く浅い割れ		○			○	
疲労割れ，研削割れなど幅が非常に狭い割れ		○	○			
小型の量産部品，ねじやキー溝など鋭角な隅部	○					
粗い面の試験体	○			○		
大型部品や構造物を部分的に探傷する場合			○			○
試験場所を暗くすることが困難な場合				○	○	○
水道および電気設備のない場合						○

い分けられる。溶接部のきず探傷には溶剤除去性染色浸透探傷試験が，機械部品のきず検査に対して水洗性蛍光浸透探傷試験がよく用いられている。また，航空機のエンジン部品，ロケットの部品の検査など，高い精度が要求される場合には，後乳化性蛍光浸透探傷試験が用いられる。

　次に，微粉末でつくられた現象剤を表面に塗布し，微粉末間の極めて狭い粒子間隙による毛細管現象によって，きず内部に残留した浸透液が再び吸い上げられ，これが現像膜中に広がり（現像処理），きず指示模様が表れる。現像方法は乾式現像法，湿式現像法およびは速乾式現像法に分類される。

　乾式現像法は白色微粉末の現像剤をそのまま適用する方法である。浸透液の残存しているきず部にしか微粉末は付着することがなく，白色のバックグランドを形成しないことから，染色浸透探傷試験には一般に使用されない。

　湿式現像法は湿式現像用の白色微粉末を水に懸濁した湿式現像液を用い，現像処理後に水を乾燥させることで一様な塗膜を形成させる方法である。検出感度は他の方法に比べてやや劣るが，試験体を浸漬させて使用することもでき，大量の部品を検査するのに適している。

　速乾式現像法では白色微粉末を揮発性溶剤に懸濁させたものを用いる。エアゾール缶で使用されることが多く，適切に扱えば簡便で検出感度にも優れ，特に溶接部の検査には多く使用されている。現像処理では，きず内部に浸透した浸透液を現象剤の白色微粉末に充分に吸い出させる時間を確保する必要があるが，現像処理時間が長過ぎると，指示模様の拡大が進み，指示模様がぼやけてしまう。**図6.3**に溶剤除去性染色浸透探傷試験の溶接部のきずの検出結果を示す。濃い色のものが検出されたきず指示模様であり，コントラストが高いこと

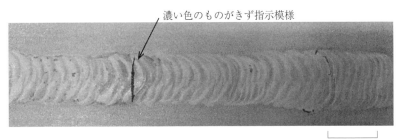

図6.3　溶接部きずの溶剤除去性染色浸透探傷試験の結果
（一般財団法人　日本溶接技術センター提供）

がわかる。

　浸透時間や現像時間は各種の規格で規定されていることが多く，例えば，JIS Z 2343-1：2017「非破壊試験−浸透探傷試験−第1部：一般通則：浸透探傷試験方法及び浸透指示模様の分類」では浸透時間を5分〜60分，現象時間を10分〜30分と規定している。また，浸透探傷試験では，試験を実施するときの温度が毛細管現象に影響するため，低温ではきずの内部に浸透液が浸透するのにより多くの時間を要する。加えて，きずの内部に水が存在して凍っていれば十分な検査結果は期待できない。

　高温では浸透液がすぐに乾燥してきずの内部に浸透しない恐れがあるほか，可燃性の液体を扱うため，労働安全衛生上の配慮も伴う。JIS Z 2343-1：2017「非破壊試験−浸透探傷試験−第1部：一般通則：浸透探傷試験方法及び浸透指示模様の分類」では，浸透液の適用温度範囲を通常10〜50℃の範囲と規定している。一方，より温度の高い場合には，JIS Z 2343-5：2012「非破壊試験−浸透探傷試験−第5部：50℃を超える温度での浸透探傷試験」で，より低い温度に対しては JIS Z 2343-6：2012「非破壊試験−浸透探傷試験−第6部：10℃より低い温度での浸透探傷試験」の別規格において確認すべき事項や留意点を述べている。

　赤色に染色した浸透液を用いる場合には，白色の微粉末を混入した現像液を用い，明るい場所で白地に赤い色の明瞭なコントラストの浸透指示模様を観察する。蛍光塗料の浸透液を用いる場合は，暗所でブラックライトを当てることで浸透指示模様を観察する。

　また，現象剤の微粉末は吸湿性があり，錆の発生を防ぐために，製品では試験終了後に後処理を充分に行う。

6.3 浸透探傷試験の各作業手順 209

コラム 溶接部の非破壊検査の必要性, 溶接はもろ刃の剣?

溶接は, 適切に実施すれば母材と同等以上の強度が得られるということで, 工学的, および実用的に大変重要な技術として, 多用されています。お叱りを受けるかも知れませんが, ごく単純に説明すれば, 溶接では溶接金属が液体から固体に変化すること, さらに, 高温状態から常温まで冷却されるので溶接金属の体積が減少します。これらは, 溶接部の表面部および内部にきずが生じやすくなること, および体積減少にともない引張応力が生じやすくなることを意味します。さらに, 溶接の熱の影響を受ける母材部 (Heat Affected Zone, HAZ といいます) の金属組織の状態が悪化する可能性があることに加え, 環境中や溶接棒の水分が, 高温のアークによって原子状の水素に分解され, これらが溶接部に割れを引き起こします。

少し話が変わりますが, 溶接が工学的に多用されるようになった事例として, 第二次世界大戦中のアメリカのリバティ船の事例が有名です。それまで船はリベットで作製されていましたが, 溶接で作られるようになりました。すると, 全体数の1割近い200隻程度のリバティ船が沈没または大破したようです。これは, リバティ船に使用されていた当時の鉄鋼材料が低い気温でぜい性になったこともあるようですが, 溶接欠陥も原因として挙げられています。興味がある方は, リバティ船の事故を調べて下さい。

以上のように溶接を適切に実施することはもちろん求められますが, 溶接後には, 磁粉探傷試験, 浸透探傷試験のような各種の非破壊試験を用いて検査する必要があることを意味しています。

第7章

渦電流探傷試験

　渦電流探傷試験では，コイルを用いて試験体表面に渦電流を発生させ，表面きずによる渦電流の乱れをコイルのインピーダンス変化として測定する。渦電流探傷試験は，試験体は導体である必要があるが，非接触で高速に探傷できるという特徴があり，形状が比較的単純な導体の板，棒，配管などの表層部のきずの検出に適している。しかし，鉄鋼材料のような強磁性体材料へ適用する際は，透磁率の変化によるノイズが発生するため，いくつかの方法があるが，例えば，試験体を磁化しながら渦電流試験を行うなどの特別な配慮をともなう。渦電流探傷試験を理解するためには，電流やコイルなどの電磁気的知識が必要であり，以下にいくつかの電磁気に関する項目について説明する。

7.1 渦電流について

　図7.1のような形状のコイルに交流電流を流し，交流磁束を発生させた場合（図7.1の点線），導体の試験体にはコイルと同じ円状の電流の流れが誘導される。これを渦電流という。渦電流が流れると図7.1にある小さい間隔の点線のように磁束がコイルによる磁束を打ち消す方向，つまり逆向きに発生する。この現象を，レンツの法則という。

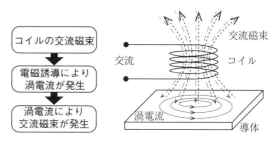

図7.1　渦電流について

212　第7章　渦電流探傷試験

7.2　導体の試験体における表皮効果

　コイルに誘導された導体の内部の渦電流は反作用を受け，内部に浸透するに従って急速に減衰し，導体の表面に渦電流が集中するという表皮効果が生じる。これは，磁気探傷試験で説明した磁束に関する表皮効果の現象と同じである。そのため，渦電流探傷試験では，導体内部のきずを検出することはできない。表面近傍のきず，またはきず深さを検出・評価する場合，この表皮効果を十分考慮して，試験周波数などの試験条件を設定する必要がある。

　渦電流の表皮深さは，表面の渦電流の37%になる深さになることを示す以下の式が使用される。これは，磁粉探傷試験法における磁束密度に関する表皮深さの式と同じである。

$$\delta = \frac{1}{\sqrt{\pi f \mu \sigma}} \quad \cdots\cdots\cdots\cdots\cdots\cdots \quad (7.1)$$

　ここで，交流の周波数 f (Hz)，導体の透磁率 μ (H/m)，導体の導電率 σ (S/m) である。周波数 f，透磁率 μ，導電率 σ が大きいほど，誘導される渦電流の浸透深さは浅くなり，例えば，渦電流探傷試験の試験周波数を4倍にすると，浸透深さは1/2になる。したがって，試験体の透磁率，導電率を見積もり，渦電流が試験体のどの程度の深さまで浸透するかをあらかじめ検討し，試験周波数を設定しなければならない。

　試験体の内部に発生する渦電流は，表面からの深さによって振幅が大きく減少するだけでなく，位相も試験体表面からの距離に比例して遅れる。電流の位相と試験体表面からの距離 x の関係は，次式で与えられる。

$$\theta = -\sqrt{\pi f \mu \sigma} \cdot x \quad \cdots\cdots\cdots\cdots\cdots \quad (7.2)$$

　(7.2)式の x に (7.1) 式を代入すると，浸透深さ δ (m) の位置において渦電流の位相は1 rad (= −57.3度) 遅れることがわかる。したがって，試験体内のきずの位置によって渦電流の位相が異なるため，コイルで検出する信号の位相にも違いが生じる。

7.3 自己誘導

ここでは，渦電流探傷試験に必要なコイルの電磁気現象について説明する。図7.2に示すようにコイルに電流 i を流すと，コイルを貫くように磁束が発生する。このとき，コイルを貫く磁束が変化すると，この変化を妨げる磁束が発生するように起電力 v がコイルに発生する。磁束は電流に比例するので，磁束の変化を電流で表すとコイルの起電力が以下の式で表される。この現象を自己誘導という。

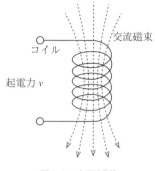

図7.2　自己誘導

$$v = -L_0 \cdot \frac{di}{dt} \quad \cdots\cdots\cdots\cdots\cdots (7.3)$$

ここで，L_0 は自己インダクタンスで，単位はヘンリー H である。

渦電流探傷試験では，2個のコイルが隣接した時に一方のコイルが作り出した磁束がもう一方のコイルに作用し，起電力が発生する現象である相互誘導も使用される。これは，7.7節で説明する相互誘導プローブを用いた場合に理解が必要な現象である。

7.4　コイルの近傍に導体がない場合のコイルのインピーダンス

銅線を用いた空芯コイルには，銅線自体の抵抗 R_0 がある。したがって，ここでは，図7.3のように，コイルを抵抗 R_0，角周波数と自己インダクタンスの積であるリアクタンス ωL_0 にモデル化し，コイルのインピーダンスについて考える。この場合では，コイル（図7.3の回路）に発生する電圧には，抵抗による電圧 V_R と自己誘導による起電力 V_L の2つの成分がある。電流の実効値 I が空芯コイルに流れる場合，オームの法則により抵抗 R_0 と電圧 V_R の関係は次のようになる。

$$V_R = R_0 \times I \quad \cdots\cdots\cdots\cdots\cdots\cdots (7.4)$$

このときの位相は，電圧と電流で同じである。

電磁誘導によってコイルに発生する起電力 V_L は，電流の実効値 I とリアクタンス（角周波数とインダクタンスの積）を用いて，次のように表される。

$$V_L = \omega L_0 I \quad \cdots\cdots\cdots\cdots\cdots\cdots (7.5)$$

ここで，リアクタンス ωL_0 の単位は，(7.4)式と(7.5)式とを比較してわかるように抵抗の単位Ωとなる。

次に，このときの位相について考えると，例えば，励磁電流が sin 波だとすると(7.3)式の微分により cos 波になり，起電力の位相は電流の位相に対して $\pi/2$（90度）進むことがわかる。図7.3の回路全体の電圧は V_R と V_L で位相が異なるので，このまま計算することはできない。このため，電圧の大きさを矢印の大きさ，位相を矢印の向きとし，ベクトル表示で考えていく。

ここで，V_R は電流 I と同位相であるから，I と同じ方向として，**図7.4**(a) のベクトル図では x 軸上に表すことにする。V_L は電流 I に対して $\pi/2$（90°）だけ位相が進んでいるから，図7.4 (a) に示したように I の方向から $\pi/2$ だけ反時計方向に回転した y 軸上のベクトルとなる。次にベクトルの足し算で行われるように（図7.4(b)のように），V_R のベクトルの終端に V_L のベクトルの始端をつなげると，求めるベクトルである全体の電圧 V が図7.4(b)のように V_R のベクトルの始端と V_L のベクトルの終端を結ぶベクトル V で表される。V，V_R と V_L は直角三角形となるから，ピタゴラスの定理より，V の大きさが (7.6) 式のよ

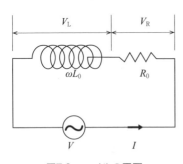

図7.3　コイルの電圧

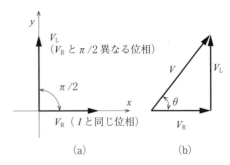

図7.4　電圧とベクトル図

7.4 コイルの近傍に導体がない場合のコイルのインピーダンス

うに得られる。

$$V = \sqrt{V_R^2 + V_L^2} \quad \cdots\cdots\cdots\cdots\cdots (7.6)$$

次に，(7.6)式に，(7.4)式および(7.5)式を代入すると次式が得られる。

$$V = \sqrt{R_0^2 + (\omega L_0)^2} \cdot I \quad \cdots\cdots\cdots (7.7)$$

ここで，

$$V = Z_0 \cdot I \quad \cdots\cdots\cdots\cdots\cdots\cdots (7.8)$$

と置くと，

$$Z_0 = \sqrt{R_0^2 + (\omega L_0)^2} \quad \cdots\cdots\cdots\cdots (7.9)$$

となる。(7.9)式の Z_0 は交流の電圧と電流の関係を与えるもので，これをインピーダンスといい，その単位は抵抗Ωと同じである。

(7.8)式より Z_0 を V と I で表すと次式のようになる。

$$Z_0 = V / I \quad \cdots\cdots\cdots\cdots\cdots\cdots (7.10)$$

(7.10)式は，電圧をコイルの電流 I で割るとインピーダンスが得られることを意味している。したがって，図7.4の電圧ベクトル図を，コイルの電流 I で割ると，**図7.5** (a) に示すような，インピーダンスを表すベクトル図が得られる。ここで，V_R / I が抵抗を，V_L / I がリアクタンスを表している。

次に，x 軸に R を，y 軸に ωL を表すと，R_0 と ωL_0 の値を図7.5(b)のように

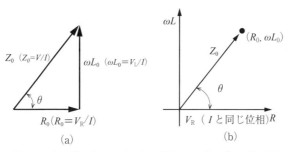

図7.5　インピーダンスベクトル図とインピーダンス平面図

216   第7章　渦電流探傷試験

プロットすることができる。この大きさは，$Z_0 = \sqrt{R_0^2 + (\omega L_0)^2}$ となり，インピーダンスを表す。図7.5 (b) のように横軸にレジスタンスを，縦軸にリアクタンスを表した図をインピーダンス平面図という。

　位相に関しては，電流Iに対する全体の電圧Vの位相θは図7.4より次式で与えられる。

$$\theta = \tan^{-1}(V_\mathrm{L} / V_\mathrm{R}) \quad \cdots\cdots\cdots\cdots\cdots (7.10)$$

(7.10)式に(7.4)式と(7.5)式を代入すると

$$\theta = \tan^{-1}(\omega L_0 / R_0) \quad \cdots\cdots\cdots\cdots\cdots (7.11)$$

となる。これは，図7.5(b)におけるx軸とベクトルとの角度である。

　インピーダンス平面図では，抵抗をV_R/I，リアクタンスをV_L/Iとして表したので，それぞれ一定の電流を流したときに発生する電圧に相当する。渦電流探傷試験ではきずによるコイルのインピーダンス変化を求めるため，インピーダンス平面図の電圧図からコイルのインピーダンス変化を考察する。

7.5　コイルの近傍に導体がある場合のコイルのインピーダンス

　コイルに導体を近づけると渦電流が誘導される。導体には抵抗があるので，この抵抗によりジュール熱が発生する。このとき，コイルは導体にエネルギーを供給したことになり，コイルの抵抗Rは導体が存在しない場合における抵抗R_0より大きくなる。

　リアクタンスについては，導体内に誘導された渦電流はコイルによって発生した磁束を打ち消すので，コイルの磁束は減少し，導体がない場合のコイルの自己インダクタンスL_0より小さな値Lになる。したがって，コイルのリアクタンスは導体のない時のωL_0からωLに小さくなり，自己誘導によってコイルに発生する起電力V_Lは減少する。

　さらに，リアクタンスωLは，角周波数に相当する試験周波数が高いほど大きくなってしまう。この影響を取り除き，試験コイルのきず検出特性だけを精度良く表すために，試験コイルのインピーダンスZを試験体（導体）がない場

7.5 コイルの近傍に導体がある場合のコイルのインピーダンス 217

合の試験コイルのリアクタンス ωL_0 で除した，正規化インピーダンス平面図（$Z/\omega L_0$ の比で表示した図）が用いられる。正規化インピーダンス平面図では，横軸に抵抗 R から空心コイルの抵抗 R_0 を除いたものに ωL_0 を除した $(R-R_0)/\omega L_0$ を，縦軸に $\omega L/\omega L_0$ を表示する。これらを，正規化抵抗，正規化リアクタンスという。

コラム　インダクタンス，リアクタンスとインピーダンス

　7.4節では，長々と説明してしまいましたが，インピーダンス，リアクタンスを簡単に説明すると，下式が一番わかりやすいと思います。

　下の式は，オームの法則　電圧＝抵抗×電流の式そのものです。

$$V = \sqrt{R_0^2 + (\omega L_0)^2} \cdot I$$

　つまり，$\sqrt{R_0^2 + (\omega L_0)^2}$ はオームの法則の抵抗に相当します。これをインピーダンスといい，交流の場合の抵抗です。

　一般とは異なる説明かもしれませんが，ルートの中が $\sqrt{R_0^2}$ であれば，R_0 なので，直流の場合のオームの法則そのものになります。したがって，ルートの中の $(\omega L_0)^2$ は交流の場合のみ必要な項で，この ωL_0 をリアクタンスといい，交流抵抗を特徴付けるものとなります。

　また，リアクタンスの L_0 をインダクタンスといいます。インダクタンスは以下の式で表され，コイルにおいて電圧を発生させる能力を表しています。

$$v = -L_0 \cdot \frac{\mathrm{d}i}{\mathrm{d}t}$$

7.6 渦電流探傷試験装置

図7.6 に渦電流探傷試験装置の構成の一例を示す。渦電流探傷試験装置は，発信器，ブリッジ，信号増幅器，移相器，同期検波器，表示器などから構成される。図7.6 において，太い実線は探傷信号を，点線は同期検波のための制御信号を示している。

試験コイルの微小なインピーダンス変化をブリッジ回路で捉え，増幅後に同期検波装置において同期検波処理が行われる。同期検波処理とは，探傷信号から発信器の制御信号と同相成分と 90 度位相が異なる直交成分を取り出すものである。その後，表示器で同相成分を横軸に，直交成分を縦軸に表示する。また，雑音が最小となるような同期検波処理にするために移相器を用いて制御信号を最適な位相に移動させる操作も行われる。

実際の渦電流探傷試験装置を図7.7 に示す。

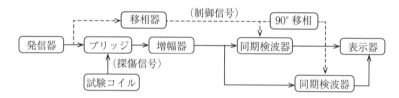

図7.6　渦電流探傷試験装置の構成例

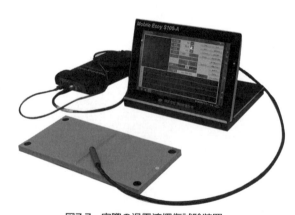

図7.7　実際の渦電流探傷試験装置

7.7 渦電流探傷試験の測定方法

渦電流探傷試験は，図7.8のようにコイルを用いて渦電流を試験体表面に発生させ，表面きずによる渦電流の乱れをコイルのインピーダンス変化として測定する．図7.8のように渦電流の方向に対してきずが直交している，つまり，きずが渦電流の流れを大きく妨げる方向に存在する方がきずを検出しやすい．また，熱交換器のパイプ等の保守検査ではコイルを内部に配置し，1m/s程度の速度で探傷試験を行うことができる．

試験コイルの種類については，図7.9に示した試験体の表面にコイルを配置する上置コイル，コイルに試験体を貫通させる貫通コイル，管状の試験体中にコイルを挿入する内挿コイルに主に分類できる．また，励磁コイルと検出コイルの構成では，励磁コイルと検出コイルを兼ねる自己誘導形プローブと，励磁コイルと検出コイルを別々にした相互誘導形プローブがある．

次に，コイルのインピーダンスの解析方法で分類すると，図7.10のようにインピーダンス変化を測定する単一方式，試験体に2つの同じ特性のコイルを接近して配置し，コイル間のインピーダンス変化の差を測定する自己比較方式，1つのコイルを標準の試験体に，同じ特性の別のコイルを検査する試験体に配置し，これらのインピーダンス変化の差を測定する標準比較方式がある．

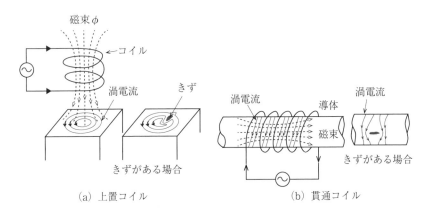

図7.8　渦電流探傷試験における渦電流の流れ

220　第7章　渦電流探傷試験

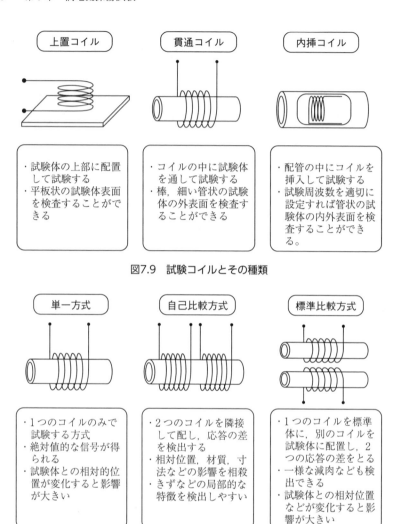

図7.9　試験コイルとその種類

図7.10　試験コイルの使用方法

　図7.11はパイプの検査に使用される自己比較方式の自己誘導型貫通コイルを用いた渦電流探傷試験の模式図を示したものである。試験体に2つのコイルを接近して配置し，高周波数の交流電流を2つのコイルに流すと，配管表面に渦電流が発生する。このとき，どちらかのコイルの近傍に腐食による減肉やき裂のようなきずが存在すると，それらにより渦電流の大きさと分布が変化す

る．したがって，両コイルのインピーダンスに違いが生じる．この方式では，両コイルに混入する測定条件や環境条件からのノイズを相殺することができるため，両コイルの違いである減肉やき裂のようなきずによる信号のみを精度良く測定することができる．

　図7.12は自己比較方式内挿コイルを用いた渦電流探傷試験の模式図であり，**図7.13**は，図7.12で示した渦電流探傷試験システムを用いて，制御信号と同期したきず信号 (E_x) とし，制御信号と 90°位相が異なる信号 (E_y) を同期検波器でそれぞれ取り出し，表示器上の横軸に E_x を，縦軸に E_y を表示した模式図を示している．図7.13で示した信号の軌跡はリサージュ図形と呼ばれ，一般に，振幅 E はきずの体積と関係があり，位相角 ϕ は，きず深さに関係がある．

　例えば，あらかじめ，貫通のドリル穴に対して測定を行い，リサージュ図形を描き，この位相角 ϕ を 135 度になるように，制御信号 (位相) を設定しておく．この時，測定結果のリサージュ図形の位相角 ϕ が 0～135 度になれば，きずが

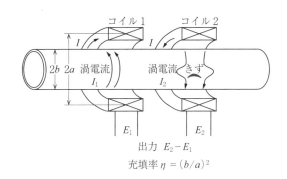

図7.11　自己比較方式貫通コイルを用いた渦電流探傷試験

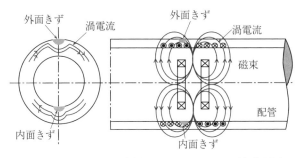

図7.12　自己比較方式内挿コイルを用いた渦電流探傷試験

外表面にあることを示し,位相角φが増加すると(135度に近づくと)きずが深いことを示している。一方,測定結果のリサージュ図形の位相角φが135〜180度になれば,きずが内表面にあることを示し,位相角φが135度に近いほどきずが深いことを示している。

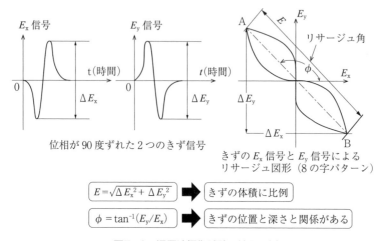

図7.13　渦電流探傷試験の結果一例

コラム　新しい渦電流プローブの形状は，漢字？ひらがな？カタカナ？

　渦電流探傷プローブの検出性能を高めるために，世界中の研究者は励磁コイルと検出コイルの形状やそれらの相対的な配置を工夫してきました。新しい渦電流探傷プローブの形状の1つとして，下図のように励磁コイルの軸を試験体表面と直交にとり，検出コイルの軸を試験体表面と平行にとった相互誘導形プローブが提案されています。このように励磁コイルと検出コイルの軸の向きが異なるように相対的な配置を工夫することでクリアランスの変化による雑音を抑制でき，試験体にきずが存在するときだけ信号が発生するという優れた特徴があります。これは，日本人の研究者により発案されたもので，上から見ると，下図のようにギリシャ文字の θ に見えることから，θ プローブと名付けられました。

　新しい渦電流探傷プローブの形状のアイディアは，漢字，ひらがな，カタカナにも潜んでいるかもしれませんね。

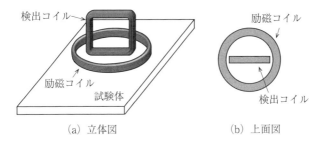

(a) 立体図　　　　(b) 上面図

図　日本人の研究者により発案された θ 型渦電流探傷プローブ

参考文献

第 1 章
1）成田圀郎，富士岳：溶接入門シリーズ 4　溶接部の試験・検査入門，産報出版（2018）
2）荒川敬弘：非破壊試験の欠陥検出能力の動き，溶接学会誌第 55 巻（1986），第 4 号，p.35-42
3）P.F.Packman,H.S.Pearson,J.S.Owens,G.Young：Definition of Fatigue Cracks Through Nondestructive Testing, J. Materials, 4（1969）, p.691

第 2 章
1）日本非破壊検査協会：超音波探傷試験Ⅱ，Ⅲ，日本非破壊検査協会
2）日本溶接協会：溶接構造物の試験・検査，日本溶接協会（2008）

第 3 章
1）超音波探傷試験Ⅱ，Ⅲ，日本非破壊検査協会
2）溶接構造物の試験・検査，日本溶接協会（2008 年）
3）仙田，廣瀬，裏垣：傾きを持った平面欠陥について，非破壊検査 Vol.23（1974），No.2，p.92
4）荒川敬弘：数値シミュレーションを活用した超音波探傷試験の割れ検出性に関する一考察，第 21 回神奈川県非破壊試験技術交流会研究会技術発表会，赤外線サーモグラフィ部門ミニシンポジウム（日本非破壊検査協会），2016 年 11 月
5）Arakawa，Hirose，Senda：The detection of weld cracks using ultrasonic testing，NDT International Vol.18 No.1（1985），p.9-16（July 1995 Hawaii），PVP　Vol.313-1, pp.315-321
6）荒川，畠中，井戸：超音波探傷試験の信頼性に関する検討，第 2 回保守検査シンポジウム（2003 年 2 月）
7）Arakawa，Ooka：" Dimensional measurement accuracies obtained by focused ultrasonic beam on flaws in heavy section steel plate weldments " ASME/JSME PVP conference （July 1995 Hawaii），PVP，Vol.313-1, p.315-321
8）Yoneyama　et.　al.：Crack depth　measurement by flaw tip echo method，日独原子力工学セミナ，1984 年 10 月

第 4 章
1）X 線と放射線の発見（16-02-01-01）ATOMICA（2017 年 3 月），高度情報科学技術研究機構
2）日本非破壊検査協会 50 年史，日本非破壊検査協会（2002 年）
3）水谷義弘：よくわかる最新非破壊検査の基本と仕組み，秀和システム（2010 年）
4）放射線透過試験Ⅱ，Ⅲ，日本非破壊検査協会
5）仙田富男，平山一男，横山計次，中村和夫：線源及び感光材料の組合せと識別最少線径との関係，非破壊検査，36（12），p.879-880，1987 年
6）大岡紀一他：工業分野におけるデジタルラジオグラフィの基礎とその適用－フィルムからデジタルへの展開－，日本溶接協会非破壊試験技術実用化研究委員会（2014 年）

第 5 章
1）非破壊評価工学，　　　　　日本非破壊検査協会，（1998）
2）中西，吉川，千葉，荒川，片山：溶接構造物の余寿命診断システム－球形貯槽の稼動中検査と健全性評価，石川島播磨技報，No.5（1992）
3）成田圀郎，富士　岳：溶接部の試験・検査入門〈改訂新版〉，p.197，産報出版（2004）

第 6 章
1）非破壊評価工学，日本非破壊検査協会，（1998）

第 7 章
1）渦電流探傷試験Ⅰ，（社）日本非破壊検査協会，（1995）
2）渦電流探傷試験Ⅱ，（社）日本非破壊検査協会，（1995）
3）非破壊評価工学，日本非破壊検査協会，（1998）

索　引

あ～お

アコースティックエミッション試験‥20
圧縮波‥‥‥‥‥‥‥‥‥‥‥‥‥33
圧電材料‥‥‥‥‥‥‥‥‥‥‥‥40
アニュラアレイ探触子‥‥‥‥‥‥135
アンペアターン‥‥‥‥‥‥‥‥‥197
一回反射法‥‥‥‥‥‥‥‥‥‥‥82
位相‥‥‥‥‥‥‥‥‥‥212,214
位相角‥‥‥‥‥‥‥‥‥‥‥‥‥221
イメージングプレート‥‥‥‥‥‥178
インピーダンス‥‥‥‥‥‥‥‥‥213
インピーダンス平面図‥‥‥‥‥‥215
ウェーブレット解析‥‥‥‥‥‥‥132
裏はつり‥‥‥‥‥‥‥‥‥‥‥‥24
上置コイル‥‥‥‥‥‥‥‥‥‥‥219
遠距離音場‥‥‥‥‥‥‥‥‥71, 73
円柱面エコー‥‥‥‥‥‥‥‥‥‥131
応力腐食割れ‥‥‥‥‥‥‥‥‥‥125
遅れエコー‥‥‥‥‥‥‥‥‥‥‥131
遅れ時間‥‥‥‥‥‥‥‥‥‥‥‥24
音圧往復通過率‥‥‥‥‥‥‥‥‥46
音圧通過率‥‥‥‥‥‥‥‥‥‥‥45
音圧反射率‥‥‥‥‥‥‥‥‥‥‥45
音響インピーダンス‥‥‥‥‥‥‥45

か～こ

外観試験‥‥‥‥‥‥‥‥‥‥‥‥18
開口合成技術‥‥‥‥‥‥‥‥‥‥26
回折現象‥‥‥‥‥‥‥‥‥‥‥‥33

諧調計‥‥‥‥‥‥‥‥‥‥‥‥‥161
界面反射能率‥‥‥‥‥‥‥‥‥‥65
拡散減衰‥‥‥‥‥‥‥‥‥‥72, 83
渦電流‥‥‥‥‥‥‥‥‥‥‥‥‥211
観察器‥‥‥‥‥‥‥‥‥‥‥‥‥162
乾式現像法‥‥‥‥‥‥‥‥‥‥‥207
乾式法‥‥‥‥‥‥‥‥‥‥‥‥‥194
完成検査‥‥‥‥‥‥‥‥‥‥‥‥25
間接変換方式‥‥‥‥‥‥‥‥‥‥179
感度補正‥‥‥‥‥‥‥‥‥‥‥‥88
貫通コイル‥‥‥‥‥‥‥‥‥‥‥219
幾何学補正係数‥‥‥‥‥‥‥‥‥156
疑似模様‥‥‥‥‥‥‥‥‥‥‥‥194
基準化距離‥‥‥‥‥‥‥‥73,107
基本表示‥‥‥‥‥‥‥‥‥‥‥‥77
輝尽発光‥‥‥‥‥‥‥‥‥‥‥‥178
きず‥‥‥‥‥‥‥‥‥‥‥‥‥‥11
きず指示模様‥‥‥‥‥‥‥‥‥‥207
きず漏えい磁界‥‥‥‥‥‥‥‥‥190
起電力‥‥‥‥‥‥‥‥‥‥‥‥‥213
強磁性体‥‥‥‥‥‥‥‥‥‥‥‥185
狭帯域探触子‥‥‥‥‥‥‥‥‥‥44
極間式磁化器‥‥‥‥‥‥‥‥‥‥197
極間法‥‥‥‥‥‥‥‥‥‥‥‥‥197
距離振幅特性曲線‥‥‥‥‥‥‥‥85
近距離音場‥‥‥‥‥‥‥‥‥71, 73
近距離音場限界距離‥‥‥‥‥‥‥73
くさび‥‥‥‥‥‥‥‥‥‥‥‥‥42
屈折角‥‥‥‥‥‥‥‥‥‥‥50,61

クリアランス・・・・・・・・・・・・・・・・・・・196
蛍光磁粉・・・・・・・・・・・・・・・・・・・・・・194
蛍光浸透液・・・・・・・・・・・・・・・・・・・205
形状エコー・・・・・・・・・・・・・・・・・・・131
形状反射能率・・・・・・・・・・・・・・・・・64
計測試験・・・・・・・・・・・・・・・・・・・・・・18
継鉄棒・・・・・・・・・・・・・・・・・・・・・・・189
経年劣化・・・・・・・・・・・・・・・・・・・・・29
欠陥・・・・・・・・・・・・・・・・・・・・・・・・・・11
結晶粒界・・・・・・・・・・・・・・・・・・・・・35
限界寸法・・・・・・・・・・・・・・・・・・・・・65
減弱係数・・・・・・・・・・・・・・・・・・・・147
減衰係数・・・・・・・・・・・・・・・・・・・・・36
減衰・・・・・・・・・・・・・・・・・・・・・・・・・84
現像・・・・・・・・・・・・・・・・・・・・・・・・170
現像処理・・・・・・・・・・・・・・・・・・・・207
コイル・・・・・・・・・・・・・・・・・・・・・・・211
工業用X線フィルム・・・・・・・・・・・・159
交軸点・・・・・・・・・・・・・・・・・・・・・・・60
高真空熱陰極X線管・・・・・・・・・・・144
広帯域探触子・・・・・・・・・・・・・・・・・44
高分解能探触子・・・・・・・・・・・・・・・44
ゴーストエコー・・・・・・・・・・・・・・・・131
コーナー反射・・・・・・・・・・・・・・・・・59
誤差の平均値と標準偏差値・・・・・・・112
後乳化方式・・・・・・・・・・・・・・・・・・206
コンピューテッドラジオグラフィ・・・178

さ～そ

最大透磁率・・・・・・・・・・・・・・・・・・187
最適フィルム濃度・・・・・・・・・・・・・・157
左右走査・・・・・・・・・・・・・・・・・・・・116
サルファークラック・・・・・・・・・・・・・・23

散乱X線・・・・・・・・・・・・・・・・・・・・150
散乱減衰・・・・・・・・・・・・・・・・・・36, 83
散乱比・・・・・・・・・・・・・・・・・・・・・・151
残留エコー・・・・・・・・・・・・・・・・・・・131
残留磁束密度・・・・・・・・・・・・・・・・187
残留法・・・・・・・・・・・・・・・・・・・・・・194
磁化・・・・・・・・・・・・・・・・・・・・・・・・185
しきい値法・・・・・・・・・・・・・・・・・・・111
磁気探傷試験・・・・・・・・・・・・・15,185
識別最小線形・・・・・・・・・・・・・161,172
磁極・・・・・・・・・・・・・・・・・・・・・・・・185
自己インダクタンス・・・・・・・・・・・・213
指向角・・・・・・・・・・・・・・・・・・・・・・・70
指向性・・・・・・・・・・・・・・・・・・・・・・・70
自己比較方式・・・・・・・・・・・・・・・・219
自己誘導形プローブ・・・・・・・・・・・219
きずの反射率・・・・・・・・・・・・・・・・・64
磁束・・・・・・・・・・・・・・・・・・・・・・・・186
磁束密度・・・・・・・・・・・・・・・・・・・・186
実行指向角・・・・・・・・・・・・・・・・・・・70
湿式現像法・・・・・・・・・・・・・・・・・・207
湿式法・・・・・・・・・・・・・・・・・・・・・・194
磁粉・・・・・・・・・・・・・・・・・・・・・・・・194
磁粉探傷試験・・・・・・・・・・・・・15,192
磁粉模様・・・・・・・・・・・・・・・・・・・・194
斜角探触子・・・・・・・・・・・・・・・・42,50
集束探触子・・・・・・・・・・・・・・・・・・・34
照射室・・・・・・・・・・・・・・・・・・・・・・158
焦点寸法・・・・・・・・・・・・・・・・・・・・156
除去処理・・・・・・・・・・・・・・・・・・・・206
初磁化曲線・・・・・・・・・・・・・・・・・・187
真空透磁率・・・・・・・・・・・・・・・・・・186
振動子・・・・・・・・・・・・・・・・・・・・・・・40

浸透処理・・・・・・・・・・・・・・・・205	縦波斜角探触子・・・・・・・・・・・・56,127
浸透探傷試験・・・・・・・・・・・・・16	縦波臨界角・・・・・・・・・・・・・・54
浸透深さ・・・・・・・・・・・・・・189	単一方式・・・・・・・・・・・・・・219
水洗方式・・・・・・・・・・・・・・206	探傷波形・・・・・・・・・・・・・・77
垂直探触子・・・・・・・・・・・・・42	探触子・・・・・・・・・・・・・・・41
数値シミュレーション・・・・・・・・133	探触子欠陥距離・・・・・・・・・・・81
スクウェアパルス・・・・・・・・・・42	タンデム探傷・・・・・・・・・・・・60
スネルの法則・・・・・・・・・・・・49	端部エコー法・・・・・・・・・・・・120
スパイクパルス・・・・・・・・・・・41	チャープ波・・・・・・・・・・・・・132
正規化インピーダンス平面図・・・・・・217	中性子線・・・・・・・・・・・・・・145
正規化抵抗・・・・・・・・・・・・・217	超音波探傷試験・・・・・・・・・・・17
正規化リアクタンス・・・・・・・・・217	超音波探傷器・・・・・・・・・・・・41
赤外線サーモグラフィ・・・・・・・・21	直射法・・・・・・・・・・・・・・・82
セクタスキャン・・・・・・・・・・・134	直接変換方式・・・・・・・・・・・・179
接触媒質・・・・・・・・・・・・・・47	低温割れ・・・・・・・・・・・・・・24
前後走査・・・・・・・・・・・・・・122	デジタル検出器・・・・・・・・・・・179
染色浸透液・・・・・・・・・・・・・205	デジタルラジオグラフィ・・・・・・・176
せん断波・・・・・・・・・・・・・・33	dB（デシベル）・・・・・・・・・・・36
線量率・・・・・・・・・・・・・・・146	手荷物用X線検査装置・・・・・・・・・152
増感紙・・・・・・・・・・・・・・・160	電圧ベクトル図・・・・・・・・・・・215
相互誘導形プローブ・・・・・・・・・219	電磁波・・・・・・・・・・・・・・・145
送信パルス・・・・・・・・・・・・・61	点状きず・・・・・・・・・・・・・・140
速乾式現像法・・・・・・・・・・・・207	伝達損失・・・・・・・・・・・・・47,83
損失・・・・・・・・・・・・・・・・84	透過X線・・・・・・・・・・・・・・150
	等価きず直径・・・・・・・・・・・・109

た～と

耐圧試験・・・・・・・・・・・・・・19	透過度計・・・・・・・・・・・・・・161
第1零ふく射角・・・・・・・・・・・70	透磁率・・・・・・・・・・・・・・・186
ダイナミックフォーカッシング・・・・135	ドロップ法・・・・・・・・・・・・・111
対比きず・・・・・・・・・・・・・・62	
対比試験片・・・・・・・・・・・・・62	

な～の

脱磁・・・・・・・・・・・・・・・・188	内挿コイル・・・・・・・・・・・・・219
縦波・・・・・・・・・・・・・・・・33	内部線源撮影方法・・・・・・・・・・165
	内部フィルム撮影方法・・・・・・・・・165

斜め入射時の音圧反射率・・・・・・・・・・58
軟X線・・・・・・・・・・・・・・・・・148
肉厚補償くさび・・・・・・・・・・・・168
肉厚補償マスク・・・・・・・・・・・・156
二重壁片面撮影方法・・・・・・・・・・166
二重壁両面撮影方法・・・・・・・・・・166
入射角・・・・・・・・・・・・・・・・50
入射点・・・・・・・・・・・・・・61,77

は～ほ

バーストパルス・・・・・・・・・・・・42
白色X線・・・・・・・・・・・・・・・149
バッキング材・・・・・・・・・・・・・42
針金形透過度計・・・・・・・・・・・・161
半減期・・・・・・・・・・・・・・・・159
反磁界・・・・・・・・・・・・・・・・188
反磁界係数・・・・・・・・・・・・・・188
ビームプロファイル・・・・・・・・・・137
ビーム路程・・・・・・・・・・・・・・79
ピクセルサイズ・・・・・・・・・・・・177
ひずみゲージ試験・・・・・・・・・・・20
比透磁率・・・・・・・・・・・・・・・186
非破壊検査・・・・・・・・・・・・・・10
非破壊試験・・・・・・・・・・・・・・10
標準比較方式・・・・・・・・・・・・・219
表皮効果・・・・・・・・・・・189,212
表皮深さ・・・・・・・・・・・・・・・212
フィルムコントラスト・・・・・・・・・155
フィルムデジタイザー・・・・・・・・・177
フィルム濃度・・・・・・・・・・・・・154
フィルムの特性曲線・・・・・・・・・・154
フェーズドアレイ探触子・・・・・・・・134
フェルマーの原理・・・・・・・・・・・49

複線形像質計・・・・・・・・・・・・・180
不鮮鋭度・・・・・・・・・・・・・・・181
ブラックライト・・・・・・・・・・・・194
フラットパネルディテクタ・・・・・・・179
プロット法・・・・・・・・・・・・・・198
ベータトロン・・・・・・・・・・・・・158
放射線同位元素・・・・・・・・・・・・159
放射線透過試験・・・・・・・・・・・・17
放射線の減弱・・・・・・・・・・・・・147
飽和磁束密度・・・・・・・・・・・・・187
保持力・・・・・・・・・・・・・・・・187

ま～も

マトリクスアレイ探触子・・・・・・・・135
見掛けの振動子寸法・・・・・・・・・・94
密着面・・・・・・・・・・・・・・・・48
毛細管現象・・・・・・・・・・・・・・204
モード変換・・・・・・・・・・・・・・57
目視試験・・・・・・・・・・・・・・・18
モデルきず・・・・・・・・・・・・67,90
漏れ試験・・・・・・・・・・・・・・・21

や～よ

溶剤除去方式・・・・・・・・・・・・・206
溶接施工前検査・・・・・・・・・・・・23
横波・・・・・・・・・・・・・・・・・33
横波斜角探触子・・・・・・・・・・・・54
横波臨界角・・・・・・・・・・・・・・54
横割れ・・・・・・・・・・・・・・・・98

ら～ろ

ライナック・・・・・・・・・・・・・・158
ラウンドトリップタンデム探傷・・・・・59

ラジオアイソトープ・・・・・・・・・・・・・・159
ラテラル波・・・・・・・・・・・・・・・・・・・・・126
リアクタンス・・・・・・・・・・・・・・・・・・・213
リサージュ図形・・・・・・・・・・・・・・・・・221
リニアアレイ探触子・・・・・・・・・・・・・134
リニアスキャン・・・・・・・・・・・・・・・・・134
粒子線・・・・・・・・・・・・・・・・・・・・・・・・・145
臨界角・・・・・・・・・・・・・・・・・・・・・・・・・54
林状エコー・・・・・・・・・・・・・・・・・・・・・36
連続X線・・・・・・・・・・・・・・・・・・・・・・149
連続法・・・・・・・・・・・・・・・・・・・・・・・・・194
レンズの法則・・・・・・・・・・・・・・・・・・・211
漏えい磁束探傷試験・・・・・・・・・・・・・196
露出時間・・・・・・・・・・・・・・・・・・・・・・・154
露出線図・・・・・・・・・・・・・・・・・・・・・・・169

わ

割れの開口幅・・・・・・・・・・・・・・・・・・・175
割れの検出確率・・・・・・・・・・・・・・・・・104
割れ面の界面反射能率・・・・・・・・・・・100
割れ面の反射指向性・・・・・・・・・・・・・101

A～Z,ギリシア文字

A2型標準試験片・・・・・・・・・・・・・・・・87
Aスコープ表示・・・・・・・・・・・・・・・・・77
A型標準試験片・・・・・・・・・・・・・・・・・201
Bスキャン・・・・・・・・・・・・・・・・・・・・・125
C型標準試験片・・・・・・・・・・・・・・・・・201
DGS線図・・・・・・・・・・・・・・・・・・・・・107
DRT・・・・・・・・・・・・・・・・・・・・・・・・・176
Dスキャン・・・・・・・・・・・・・・・・・・・・・125
H線・・・・・・・・・・・・・・・・・・・・・・・・・・・86
ISO感度・・・・・・・・・・・・・・・・・・・・・・160

L検出レベル・・・・・・・・・・・・・・・・・・・86
L線・・・・・・・・・・・・・・・・・・・・・・・・・・・86
M検出レベル・・・・・・・・・・・・・・・・・・86
M線・・・・・・・・・・・・・・・・・・・・・・・・・・86
PISCⅡ計画・・・・・・・・・・・・・・・・・・・106
RB-41A・・・・・・・・・・・・・・・・・・・・・・・87
RB-41B・・・・・・・・・・・・・・・・・・・・・・・87
SH波・・・・・・・・・・・・・・・・・・・・・・・・・55
STB-A1標準試験片・・・・・・・・・・・・・77
STB-A3標準試験片・・・・・・・・・・・・・77
SV波・・・・・・・・・・・・・・・・・・・・・・・・・55
TOFD画像・・・・・・・・・・・・・・・・・・・126
TOFD法・・・・・・・・・・・・・・・・・・・・・120
V透過法・・・・・・・・・・・・・・・・・・・・・・・88
X線・・・・・・・・・・・・・・・・・・・・・・・・・・143
X線CT・・・・・・・・・・・・・・・・・・・・・・182
X線エネルギー・・・・・・・・・・・・・・・・・148
X線装置・・・・・・・・・・・・・・・・・・・・・・・158
X線量・・・・・・・・・・・・・・・・・・・・・・・・・154
α線・・・・・・・・・・・・・・・・・・・・・・・・・・144
β線・・・・・・・・・・・・・・・・・・・・・・・・・・144
γ線・・・・・・・・・・・・・・・・・・・・・・・・・・145

〔著者略歴〕

荒川敬弘（あらかわたかひろ）
　1972 年 3 月東北大学工学部修士課程（金属加工学専攻）修了，同年石川島播磨重工業株式会社(現在：株式会社 IHI)に入社，2003 年 7 月に石川島検査計測株式会社(現在：株式会社 IHI 検査計測）に移籍し，2018 年 3 月に退社。2008 年 3 月から 2016 年 3 月まで横浜国立大学客員教授，工学博士。学協会では，日本非破壊検査協会，日本溶接協会，日本高圧力技術協会，日本機械学会などの委員会で活動，神奈川県非破壊試験技術交流会会長を歴任。現在，日本非破壊検査協会監事，日本溶接協会技術アドバイザー，CIW 検査業協会次世代セミナー委員会などで活動。受賞歴は，日本溶接協会注目発明賞，日本非破壊検査協会業績賞，功績賞，日本高圧力技術協会科学技術奨励賞。

笠井尚哉（かさいなおや）
　2003 年 3 月横浜国立大学大学院工学研究科物質工学専攻博士後期課程修了，2005 年 4 月横浜国立大学助手，その後，講師を経て，現在，横浜国立大学大学院環境情報研究院准教授。2006 年 5 月〜 2007 年 3 月 Queen's University, Faculty of Applied Science, Department of Physics に文部科学省海外先進教育研究実践支援プログラム研究員として留学。日本非破壊検査協会，日本高圧力技術協会，日本機械学会，安全工学会などで委員会活動。受賞歴は，安全工学会論文賞，日本高圧力技術協会科学技術賞，科学技術振興賞，科学技術奨励賞。

※初版発行時

はじめての非破壊検査　　（はじめての溶接シリーズ4）

2018年12月10日　初版第1刷発行

著　者	荒川敬弘・笠井尚哉
発行者	久木田　裕
発行所	産報出版株式会社
	〒101-0025　東京都千代田区神田佐久間町1-11
	TEL. 03-3258-6411／FAX. 03-3258-6430
	ホームページ　http://www.sanpo-pub.co.jp/
印刷・製本	株式会社精興社

©Takahiro Arakawa , Naoya Kasai , 2018　ISBN978-4-88318-234-3　C3057

定価はカバーに表示しています。
万一, 乱丁・落丁がございましたら, 発行所でお取り替えいたします。